智能港口物流丛书

智慧港口概论

宓为建

——— 编著 ———

上海科学技术出版社

内 容 提 要

智慧港口建设是现在智慧交通建设的一个重要组成部分,也是目前国内外发展建设的一个热点。

本书围绕智慧港口创新、协调、绿色、开放、共享的发展理念和生态形成,介绍了智慧港口发端、成长的内在发展逻辑及其历史过程,指出智慧港口是为现代物流业提供高安全、高效率和高品质服务的新型生态港口,提出了智慧港口生态体系的概念,指出了智慧港口生态体系的本质是创新,也是保障智慧港口可持续良好发展的前提和基础。在此基础上,本书重点从概念描述、发展现状和应用实例三个方面,介绍了目前智慧港口建设中最主要的支撑技术,包括信息物理系统、数字中台、区块链、人工智能、机器视觉、AR/VR技术、仿真预演分析、数字化监测诊断等技术。最后展望了未来智慧港口的发展愿景与目标。

本书大部分案例和成果既是作者科研团队长期从事港口智能化技术研究的工作积累,也是和相关港口企业合作进行智慧港口建设实践的经验总结。期望本书可以为从事智慧港口建设或已经在这个领域展开工作的管理、技术和科研人员提供若干有益的示例与导引。

图书在版编目(CIP)数据

智慧港口概论 / 宓为建编著. -- 上海 : 上海科学技术出版社, 2020.12(2025.8 重印)
(智能港口物流丛书)
ISBN 978-7-5478-5081-7

Ⅰ. ①智… Ⅱ. ①宓… Ⅲ. ①港口建设－信息化建设－研究 Ⅳ. ①U65-39

中国版本图书馆CIP数据核字(2020)第168595号

智慧港口概论

宓为建 编著

上海世纪出版(集团)有限公司 出版、发行
上海科学技术出版社
(上海市闵行区号景路159弄A座9F-10F)
邮政编码 201101　　www.sstp.cn
上海盛通时代印刷有限公司
开本 787×1092　1/16　印张 10.75
字数 240 千字
2020 年 12 月第 1 版　2025 年 8 月第 8 次印刷
ISBN 978-7-5478-5081-7/U·105
定价:58.00 元

本书如有缺页、错装或坏损等严重质量问题,请向工厂联系调换

智能港口物流丛书序

"天下熙熙皆为利来,天下攘攘皆为利往。"司马迁在《货殖列传》中的描述正切合今天全球化背景下熙熙攘攘之经贸往来。在繁忙的全球经贸活动中,物流无疑是支撑世界经济发展的大动脉。作为一个国家和地区的门户,港口正是这一大动脉的枢纽。进入21世纪以来,港口的功能不断扩展,保税物流、临港产业、自由贸易区等各种创新功能正不断丰富着港口及港口城市的内涵,如今港口已不仅是吐纳、存储货物的核心节点,还是国际商业贸易的重要环节。对于一个受益于全球化的开放经济体,港口物流的重要性不言而喻。

任何一个产业的发展,都离不开科学技术的支撑。在国家创新驱动、转型发展背景下,港口物流发展路在何方?2008年11月,全球金融危机伊始,IBM在美国纽约发布的《智慧地球:下一代领导人议程》主题报告提出"智慧地球"的概念,开启了未来产业升级之路。近年来,为了奠定德国在重要关键技术上的国际顶尖地位,继续加强德国作为技术经济强国的核心竞争力,德国推出了以"智能工厂"及"智能生产"为核心的"工业4.0"概念。"工业4.0"也被称为继机械、电气和信息技术之后的第四次工业革命。

"智能化"在港口不只是概念上的发展,而正是当前发展实践之路。随着劳动力成本的逐年攀高,以及码头整体装备设计制造水平的不断提升和新工艺、新技术的不断完善,国内外自动化码头在经历了一段时间的技术发展期后,再次掀起新一波建设热潮。近期,天津、青岛、上海等港口已经将自动化码头的建设提上议事日程,国内第一个自动化集装箱码头——厦门远海码头已于2014年年底建成并投入试运营。以智能政务、智能商务、智能管理、自主装卸为核心的智能化发展,正是当前港口物流发展的重要支撑。

在此背景下,《智能港口物流丛书》的推出旨在梳理当前港口物流智能化发展脉络,展示当前及未来一段时间内,支撑港口物流智能化发展的相关关键技术及应用前景。丛书主要包括以下相关内容:智慧港口概论、集装箱码头数字化营运管理、无水港数字化运营管理、港口智能电子商务、自动化集装箱码头设计与仿真、大型港口机械结构稳定性与裂纹控制技术、装卸机器视觉及其应用等。

丛书所反映的内容是作者及其研究团队长期工作的积累和对相关学术领域的探索,也是对长期大量实践及科研成果的总结。希望丛书的出版能对从事该领域的相关管理、技术人员及感兴趣者有所助益。

宓为建

前　言

自1993年世界上第一个自动化集装箱码头在荷兰鹿特丹港正式营运以来，港口智能化一直是学界和业界关注的焦点之一。21世纪初开始，随着通信技术、网络技术和智能技术为代表的高新技术的迅猛发展，国外自动化集装箱码头建设数量增多；近十年来，我国港口智能化水平也有了长足的进步，自动化集装箱码头建设明显加速，智能化干散货码头也开始建设试运行。在我国"一带一路"倡议和"海上丝绸之路"推进过程中，智慧港口建设也日益成为国内外港口发展建设的一个热点。

本书围绕港口智能化和智慧港口建设，提出了智慧港口的新理念，即以信息物理系统为结构框架，通过高新技术的创新应用，使物流供给方和需求方共同融入集疏运一体化系统，极大提升港口及其相关物流园区对信息的综合处理能力和对相关资源的优化配置能力，智能监管、智能服务、自主装卸成为其主要呈现形式，并能为现代物流业提供高安全、高效率和高品质服务的新型生态港口。此外，本书还提出了建立基于"创新、协调、绿色、开放、共享"的智慧港口生态体系，阐述了智慧港口生态体系的本质是创新，这也是保障智慧港口可持续良好发展的前提和基础。

本书重点从基本概念、发展现状和应用实例三个方面，介绍了目前智慧港口建设中最主要的高新技术，包括信息物理系统、数字中台、区块链、人工智能、机器视觉、AR/VR技术、仿真预演分析、数字化监测诊断等技术内容，这些技术内容构成了未来传统码头智能化转型发展和新的自动化码头建设的主要技术基础。最后，本书展望了未来智慧港口的发展愿景与目标。

本书大部分案例和成果既是作者科研团队长期从事港口智能化技术研究的工作积累，也是和相关港口企业合作进行智慧港口建设实践的经验总结，对于既往他们的辛勤努力工作和本书成稿及出版做出的贡献表示深深的感谢,他们是:舒帆博士、嘉红霞博士、沈朗捷工程师、赵宁博士、严南南博士、沈一帆博士、张志伟工程师、杨小明博士、刘海威博士,博士生沈阳、夏孟珏等。同时,也对本书提供宝贵资料、案例、成果的同行及朋友表示衷心感谢!

  作者也期望本书可以为从事智慧港口建设或已经在这个领域展开工作的管理、技术和科研人员提供若干有益的示例与导引。

作　者

2020 年 9 月

目 录

第 1 章 绪论   *1*

1.1 智慧港口概述   *3*
1.2 智慧港口与新技术革命   *4*
1.3 智慧港口发展历程   *5*
1.4 智慧港口建设现状   *8*

第 2 章 智慧港口生态   *11*

2.1 智慧港口生态环境   *13*
2.2 智慧港口生态特征   *14*

第 3 章 智慧港口与信息物理系统   *21*

3.1 信息物理系统概述   *23*
3.2 信息物理系统发展现状   *27*
3.3 信息物理系统在智慧港口中的应用   *28*

第 4 章 智慧港口与中台系统   *37*

4.1 中台概述   *39*

4.2 中台发展现状	42
4.3 中台系统在智慧港口中的应用	45

第5章 智慧港口与区块链技术 51

5.1 区块链概述	53
5.2 区块链发展	58
5.3 区块链典型应用	59

第6章 智慧港口与人工智能 65

6.1 人工智能概述	67
6.2 人工智能发展现状	70
6.3 人工智能在智慧港口中的应用	72

第7章 智慧港口与机器视觉 79

7.1 机器视觉概述	81
7.2 机器视觉发展现状	84
7.3 机器视觉在智慧港口中的应用	87

第8章 智慧港口与AR/VR技术 101

8.1 AR/VR技术概述	103
8.2 AR/VR技术发展现状	105
8.3 AR/VR技术在智慧港口中的应用	106

第9章 智慧港口与系统仿真预演 119

9.1 系统仿真概述	121
9.2 系统仿真发展现状	121
9.3 系统仿真在智慧港口中的应用	124
9.4 系统预演在智慧港口中的应用	131

第10章 智慧港口与数字化监测诊断 137

10.1 数字化监测诊断概述	139

10.2	数字化监测诊断发展现状	*141*
10.3	数字化监测诊断在智慧港口中的应用	*142*

第 11 章　智慧港口发展趋势与目标　　*151*

11.1	主要热点技术发展趋势	*153*
11.2	智慧港口发展趋势	*156*
11.3	智慧港口发展目标	*157*

参考文献　　*161*

第1章

绪 论

1.1 智慧港口概述

港口是一种由来已久的社会经济形态,"港"字形象地表明它代表了"水"与"城"的密切关联,古今中外有多少个城市都是依水而建。随着社会经济的发展,从现代意义上讲,港口既是国内外贸易的集散地和物流枢纽,也是国家社会稳定、经济安全的屏障和关键节点。依托港口发展而来的各类园区、城市都遵循一条"以城促港,以港兴城"的发展路径。智慧则是属于社会经济文化范畴,传统文化将其看成聪明才智的象征,在佛学的语境中体现为更好地认识问题、解决问题的能力,现代意义上智慧更是代表了一种创新、协调、绿色、开放、共享的发展生态。智慧港口理念的提出及其建设正是体现了历史发展的一种必然趋势,同时智慧港口又把传统港口的功能概念推广到了无水港、物流园区、保税园区和自贸园区。

具体而言,智慧港口定义为:以信息物理系统(Cyber-Physical Systems,CPS)为结构框架,通过高新技术的创新应用,使物流供给方和需求方共同融入集疏运一体化系统;极大提升港口及其相关物流园区对信息的综合处理能力和对相关资源的优化配置能力;智能监管、智能服务、自主装卸成为其主要呈现形式,并能为现代物流业提供高安全、高效率和高品质服务的新型生态港口。从智慧港口的定义可以看出,互联网、移动互联网、物联网和工业互联网等构成智慧港口最主要的基础结构,通过高新技术,包括5G、云计算、大数据、人工智能和区块链等与港口功能完美融合。从传统意义上讲,物流服务商如港口、货物运输、船代和货代等都是单向供给方,给物流的需求者提供服务。随着服务形式的多样化、物流信息的便捷化,物流服务的需求更加复杂。为了提高物流效率和品质,亟须物流的需求方参与和融入物流的集疏运一体化系统。

对于港口物流过程而言,通过高新技术的创新应用,各类信息汇聚到港口,各种先进的自动化设备引入了生产作业过程,物流单证的电子化日益普及,金融支付手段不断创新,智慧港口推动了港口物流的流程再造,传统的以港口为枢纽节点的星形物流服务结构演变成了连接各种物流链的网状服务结构,从技术上智能监管、智能服务、自主装卸成为可能。从功能上分,智慧港口的构成如图1-1所示。

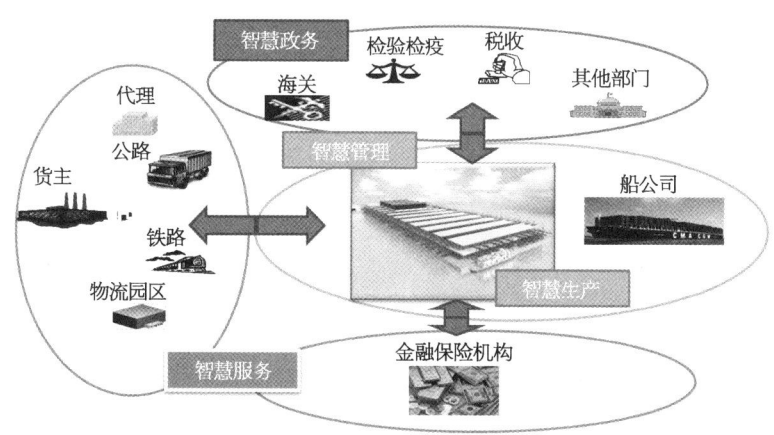

图1-1 智慧港口功能构成

智慧港口以"创新、协调、绿色、开放、共享"作为它的发展理念,以"更安全、更舒适、更环保、更高效"作为它的发展目标,以"创新驱动下的可持续发展"作为它的发展模式,智慧港口必将成为支撑智慧交通和智慧城市的主要基石。

1.2 智慧港口与新技术革命

智慧港口的基本概念脱胎于智慧工厂,智慧工厂缘起于新技术革命,也常与工业4.0联系在一起,即以信息物理系统为基础,以人工智能引领的新技术的泛在应用,开创工业革命的新时代。工业4.0可以狭义地表示成"智慧工厂、智能制造",从这里也就引申出"智慧港口、智能装卸"。

世界第一个智慧工厂——德国巴伐利亚州安贝格西门子工厂(图1-2)创建于1989年,该工厂每年可生产约1 500万件西门子产品,按每年生产230 d计算,即平均每秒就能生产出一件产品,每100万件产品中次品约为15件,可靠性达到99%,追溯性更是达到100%。

图1-2 安贝格西门子工厂智能制造车间

在这个智能工厂中,人类、机器和资源能够互相通信。智能产品"知道"它们如何被制造出来的细节,也知道它们的用途。它们将主动地对标制造流程,回答诸如"我什么时候被制造的""对我进行处理应该使用哪种参数""我应该被传送到何处"等问题。实现这些功能依赖于信息物理系统,整个智慧工厂有三条智能化技术主线:第一是设计数字孪生系统,产品设计时就能完成制造的仿真模拟;第二是实时动态物流自动配送系统,保证制造物流及时、准确、自动配送到具体工位;第三是智能制造实时动态控制系统,实现产品混线柔性制造。三个系统通过信息物理系统协同工作,这样的智慧工厂能够让产品完全实现自动化智能生产。

与智慧工厂比较,智慧港口的实现更为困难。智慧工厂中产品智能制造最终通过自动化流水线完成,但工位的控制节拍和产品流向相对固定。而港口物流的装卸运输实施过程复杂,物流信息的不确定性比较高,易受环境气候诸多条件制约,货物装卸过程除了运动控制外还需要实现动力学控制。智慧港口最重要的智能装卸功能对专门技术及其综合要求更高。因此,对标智慧工厂的智慧港口的问世就相对比较晚了。现在,高新技术的日新月异,则无疑为智慧港口的建设发展提供了有力的技术支撑。其中,边缘计算有效地解决了设备与设备、设备与外部物理实体之间及其边缘端与工业系统的连接和基于信息的控制,广泛用于处理车辆、吊具和集装箱的准确定位;机器视觉用于集装箱箱号、路径人员异物入侵和锁孔位置等的识别;物联网联接和融合各类信息互联互通;5G提供了大容量、低时延、高速率的移动数字通信网络,使设备的远程操控、自动监测成为可能;数字中台及其云计算把不同物理领域的信息和不同服务对象的各种应用融合在一个统一平台,形成创新服务和创新生态;大数据和人工智能把人的经验和知识、各种业务流程的动态信息有机结合,构成港口物流的新业态。没有高新技术的成功应用,就不会有智慧港口的蓬勃发展。

1.3 智慧港口发展历程

回顾智慧港口的发展历程,人们对于智慧港口的认识有一个不断深化和拓展的过程。智慧港口在通常的语境中其实有狭义和广义之分,狭义的智慧港口主要围绕着智能装卸展开,聚焦自动化装卸;广义的智慧港口则以港口为枢纽,着眼整个物流链的智能化,智能管控、智能服务成为主要目标。因此,如果把自动化集装箱码头作为智慧港口的发端,那么1993年世界上第一个集装箱自动化码头(图1-3)在荷兰鹿特丹港ECT码头正式投产可以作为智慧港口建设的元年。但是全世界智慧港口的建设推进过程相当长时间还是波澜不惊,主要原因还是相关技术存在一定的差距。

图1-3 荷兰鹿特丹港ECT码头

2017年世界最大单体自动化集装箱码头——上海洋山四期投产,标志着智慧港口的发展进入了快车道,整体的设施设备和软硬件条件都达到了与智慧港口发展相匹配的水平。从自动化码头应用发展起来的各种新技术和系统开始能够推广到传统码头的智能化转型上来,例如设备远程操控技术、视觉识别技术、大容量信号无线传输通信技术、高精度实时定位技术、设备远程数字化诊断技术、装卸设备实时调度系统、水平运输实时调度系统、智能 TOS 系统和生产运营仿真预演系统等。随着国内"新基建"的快速发展,智慧港口发展的外部条件越来越好,智慧港口内涵建设也越来越深入。放眼世界,除了自动化码头主要是自动化集装箱码头的快速发展外,世界各主要港口都根据自己的条件和特点,形成了各具自己特色的智慧港口发展途径、发展优势和创新成果。

新加坡 PSA(Pasir Panjang)码头 1997 年建成了远程操控的高架行车系统,实现了堆场的半自动操作,如图 1-4 所示。2014 年提出下一代集装箱码头创新设计,如图 1-5 所示,不断完善推出了 3D 港口的理念,构架多层码头布局,无缝连接综合物流园区,实现保税物流和贸易服务。2030 战略更进一步提出高效、智能、安全和绿色四大发展方向,以智能化的操作、运营来体现智慧港口,使其成为新加坡智慧城市的一个重要组成部分。

图 1-4 新加坡 PSA 码头半自动堆场

图 1-5 新加坡下一代集装箱码头创新设计

上海港2016年提出了"智慧港口带动未来贸易"的新构想,通过差异化的价值主张和竞争优势,积极探索智能化转型升级方向,主要包括:设备操作自动化,通过标准化及优化作业流程,减少人工参与直至无人化,实现码头场内机械设备自动化和远程辅助操控,提高作业效率和准确率;港口调度智能化,借助ICT技术、系统工程和人工智能等成果,实现信息系统指令与码头机械设备控制功能的无缝衔接;使各种运输资源根据不同的作业条件和操作环境,得以最有效、最合理地分配和调度,从而保证港口物流的顺畅和码头的高效运营;信息数据可视化,智慧港口作为信息集成中枢,将会重点关注信息的获取、控制和处理,通过信息物理系统,形成高效一体化的港口内外运营环境的数字化呈现和实时交互。同时,信息的互联互通也促进了智慧港口物流平台的发展,码头生产作业与对外物流服务无缝对接,海运业务各个环节的信息资源实现充分汇聚和及时共享,避免以前长期存在的各个业务环节的信息孤岛现象,使各个节点的业务协同运作成为可能,也满足了用户对于信息完整、准确、及时和便捷获取需求,提升了港口对物流需求方信息资源的提供能力和服务质量。洋山四期全自动化码头(图1-6)的建设实践充分体现了这些新理念。

图1-6 洋山四期全自动化码头

近年来,天津港智慧港口建设则基于"科技引领,创新驱动"的总体原则和目标,专注智慧运营、智慧贸易与物流及智慧生态圈三大核心业务,并通过统一的智慧港口门户促进各项业务相互融合。智慧运营主要表现在通过智能化设备和物联网技术提升港口作业运营效率和安全性,包括自动化码头、智能堆场的应用、自动驾驶集装箱卡车(以下简称"集卡")、智能理货、智能闸口和智能交通导引等的具体应用(图1-7)。智慧贸易与物流体现在信息流和港口服务的融合,建设综合物流贸易便利化服务平台,包括建立多元化港口信息服务体系,优化口岸通关环境,聚力智慧物流、电商贸易、数据集成和供应链服务等重点领域,不断改善客户体验、提升客户满意度。智慧生态圈着重于通过互联网建设培育商业模式创新能力,实现服务功能的丰富延伸及生态圈版图的扩展和丰富,包括强化与国内外船公司、货主、贸易商、铁路、公路、运输企业、口岸部门和金融机构等合作,打造共生共享的港航生态系统,形成港产城融合发展新格局,建成世界一流的绿色、智慧、枢纽型港口。

图1-7 天津港集装箱公司(北区)自动化码头

1.4 智慧港口建设现状

目前,智慧港口在港口枢纽本身建设发展方面的进步是非常快的。在国内,从2014年开始建设第一个自动化集装箱码头,到2017年世界最大的自动化集装箱码头投产,充分体现了中国的发展速度。2010年后国外有代表性的自动化集装箱码头的建设情况见表1-1。传统集装箱码头的智能化转型改造,在设备自动识别、自动驾驶、自主装卸和远程操控等技术领域都达到了较高技术水准;特别在智能管控软件开发应用上,包括智能TOS、智能配载、智能收箱、智能卸船、智能船控和智能堆场等都达到了世界先进水平。

表1-1 部分2010年后建设的国外有代表性的自动化集装箱码头概况*

自动化集装箱码头	面积/hm²	岸线/m	岸桥/台	水平运输设备	场桥
美国弗吉尼亚APMT	93	1 000	6(1期)	18台跨运车(1期)	30台ARMGs(每箱区2台1期)
比利时安特卫普DPW	126	1 720	9(1期)	47台跨运车(1期)	14台ARMGs(每箱区2台1期)
西班牙巴塞罗那BEST	100	1 500	18(1期)	42台跨运车(1期)	80台ARMGs(每箱区2台1期)
韩国釜山BNCT	84	1 400	8(1期)	20台跨运车(1期)	38台ARMGs(每箱区2台1期)
阿联酋阿布扎比Khalifa	90	2 400	6(1期)	跨运车(1期)	32台ARMGs(每箱区2台1期)
英国伦敦Gateway	300	2 700	8(1期)	28台自动化跨运车(1期)	40台ARMGs(每箱区2台1期)
美国纽约GCT	70	800	10	跨运车	20台ARMGs(每箱区2台)

（续表）

自动化集装箱码头	面积/hm²	岸线/m	岸桥/台	水平运输设备	场桥
澳大利亚布里斯班 DPW	36	900	4(1期)	跨运车（1期）	16台ARMGs（每箱区2台1期）
荷兰鹿特丹 World Gateway	108	1 700	14	59台Lift-AGV	32台ARMGs+16C-ARMGs（每箱区2台）
荷兰鹿特丹 APMT MVII	167	2 800	8(1期)	37台Lift-AGV（1期）	36台ARMGs（每箱区2台1期）
美国长滩 LBCT	120	4 200	14	93台AGV	70台ARMGs（每箱区2台）

注：1 hm² = 10 000 m²。

到目前为止，国内外自动化集装箱码头总平面布置及其装卸工艺是基本相同的，即码头前沿集装箱岸桥都采用自动或远程操控的半自动作业；水平运输多采用AGV形式，自动驾驶集卡的应用开始试运行；堆场实现自动化端装卸作业，堆区垂直于岸边布置。这种模式的自动化集装箱码头最大的优点是集装箱通过前后端部装卸，有效隔离了内外集卡，运行安全可靠，装卸交接位置相对固定，控制难度下降，且有成熟的使用经验借鉴；主要的不足是集装箱场桥承担了几乎一半的运输任务，同时集装箱装卸交接次数增加40%以上，作业效率受到影响。堆场垂直岸线布置示意图如图1-8所示。

图1-8 堆场垂直岸线布置示意图

随着现在国内iAGV和自动驾驶集卡应用技术的成熟，一种堆区顺岸式布置、堆场边装卸作业的自动化集装箱码头模式开始提出并付诸建设。这种自动化堆场的装卸模式可以看成是人工集装箱码头堆场的自动化孪生，通过双悬臂场桥的应用，堆场利用率提高,作业柔性增强,水平运输效率提升,整个码头的运行过程更为顺畅。尽管作业控制要求较高,但现有检测与控制技术已经能够处理这些问题。主要的缺点是存在内外集卡混线运行的情况,随着 iAGV 和自动驾驶集卡智能驾驶等级的快速进步,这一问题可以得到很好解决。这种布置类型的码头很好地把传统集装箱码头、半自动化集装箱码头和自动化集装箱码头运行过程在形式上统一了起来,更易于智能 TOS(iTOS) 的应用,提升集装箱码头整体的智能化水平。堆场平行岸线布置示意图如图 1-9 所示。

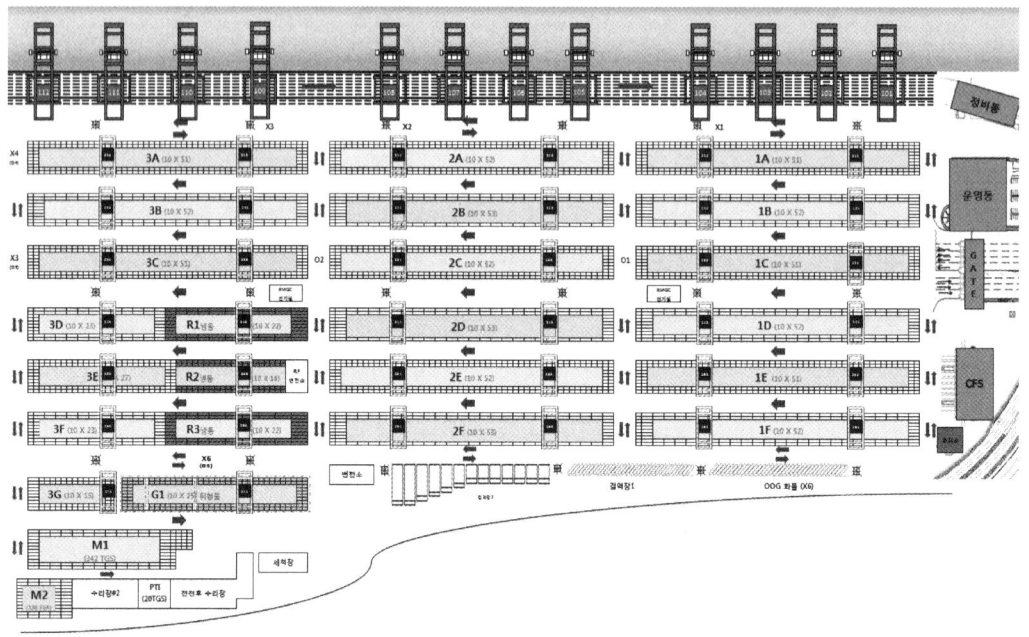

图 1-9　堆场平行岸线布置示意图

　　智慧港口发展推进的另一个合理途径则是根据码头已有的设施工艺将传统人工码头进行智能化改造。成功案例表明,通过堆场自动化改造,引入自动化控制场桥,辅之以必要的人工远程辅助操控,实现堆场集装箱装卸作业自主控制。这种堆场自动化模式既能满足与自动化水平运输车辆的无缝对接,又能适应与现有人工驾驶车辆的交接作业方式。码头前沿集装箱岸桥一般采用一对多的远程操控模式,并且通过船舶积载集装箱外轮廓扫描,集装箱装卸过程可实现地形匹配运行、船舶位自动导引确认。传统集装箱码头通过智能化改造,突破了传统装卸工艺效率的瓶颈,大大减少了人力成本持续升高的压力,提高了操作的舒适性和环境的友好性,设备的利用率和可靠性明显增加。在提升码头整体作业效率的同时,还大幅度降低了码头运营成本。

　　智慧港口在目前的港口建设发展中成果明显,发展路径清晰。在以港口为枢纽的物流链全程建设发展方面,尽管这几年刚刚起步,但由于高新技术的突飞猛进,它的发展也非常迅速,取得的进步日新月异。多式联运下的中欧班列的兴盛、丝绸之路下的无水港的拓展、区块链下的若干电子单证的试运行等都是标志性的成果。这些标志性的内容和成果充分表明我国正从一个世界性的物流大国向一个世界性的物流强国转变。

第 2 章

智慧港口生态

2.1 智慧港口生态环境

生态本意是指在自然界的一定空间范畴内,生物与环境构成的统一整体。在这个统一整体中,生物与环境之间相互影响、相互制约,形成良好的动态平衡状态。智慧港口生态可以理解为围绕港口物流的业态形成的以创新为动力的价值创造的发展环境。

强调智慧港口的生态是因为整个世界物流系统主要由水运来完成,在物流的运作过程中,形成了点、线、面的物流网络和对应的物流服务企业,港口无疑处于这个物流链的核心和枢纽,这个核心和枢纽在很大程度上决定了整个物流系统的高安全、高效率和高品质服务。承担港口功能的企业则是智慧港口生态系统的主要成员,成为创新发展的引领者和主要驱动力量。随着"一带一路"的推进,多式联运模式的发展和各类无水港的建设,智慧港口生态体系是保障智慧港口可持续良好发展的前提和基础。

而智慧港口生态体系的本质是创新,这个创新生态系统可以理解为一个以港口物流企业为核心主体,以现代物流链网络的各节点服务和需求企业为联盟,依托政府、大学、科研机构和金融等中介服务机构为生态要素载体的复杂系统,通过组织间的有效协作,深入整合人力、技术、信息和资本等创新要素,实现创新因子有效汇聚,为这个系统中的各类企业带来价值创造和提升,实现各个主体的可持续发展。

因此,智慧港口生态的形成、发展和建设包括以下几个方面:

① 政府作为国家技术和制度创新的推动者,在智慧港口生态总体上可有效发挥宏观规划、法规制定、政策引导、财政支持和服务保障等功能,以及提供优良的政策环境、资源环境、法律环境,对智慧港口生态中的创新活动进行扶持与推动。如已建立的各类各级协同创新中心,正不断推动和影响着生态系统中的创新主体和创新活动。

② 港口物流企业作为智慧港口创新的实施主体,在创新生态系统中处于核心位置。同时,它与物流网络所有企业包括物流服务企业、技术支撑企业、需求企业和相关辅助企业,都有实体物流、资金和信息等的直接或间接联系。物流链或物流网络中所有单元企业的创新都可以看成是对智慧港口生态建设的一个有机组成部分。在生态建设的过程中,主体企业和其他成分企业的创新作用、创新能力和创新要求也会对政府在政策、税收、财政和法律等领域的相关决策产生影响。

③ 大学和科研院所作为原始创新的主体,是创新生态系统人才流、技术流的源泉。大学能直接参与新知识和新技术的创造研发、传播、应用,凸显较强的"溢出效应"。大学可为智慧港口生态系统提供创新来源,其被看成是知识、技术、人才的主要供给者。大学既能向人才市场提供人才,又能依靠人才市场、工程中心、技术转移平台和技术市场对企业形成影响。大学也能直接与企业联系。科研院所在技术创新方面与大学有类似的功能,可以被视为前沿技术、专门技术研究开发的主力。

④ 第三方机构作为创新服务主体,能为创新主体提供大量社会化、专业化的技术咨询服务,起到明显沟通、整合作用,尤其能推动创新知识传播、技术扩散及科技成果转化。技术转移中心、孵化中心、科技咨询评估机构和行业技术协会等中介服务机构也能促进企业创新发展,助力构建完整的智慧港口生态体系。

⑤ 金融机构作为创新投入主体之一，是智慧港口创新生态系统中创新资金的重要来源之一。作为创新生态系统的重要组成部分，金融机构能为创新生态系统提供必需的资金与物质。同时，各级政府在高新技术发展战略和产业政策的引导下，也将会给创新生态系统提供必需的研发经费和政策性支持资金，这些都可看成是创新生态环境保持高效运转的基础与保障。

2.2 智慧港口生态特征

对于智慧港口，总体上可以从全面感知、智能决策、自主装卸、全程参与和持续创新这五个方面加以描述和表征。这五个方面的特征存在于智慧港口的各个层面，体现在人、机、环境的各类要素中，影响智慧港口发展的方方面面。

2.2.1 全面感知

从工程心理学的角度，感知即意识对内外界信息的觉察、感觉、注意和知觉的一系列过程。感知可分为感觉和知觉两个过程。感觉过程中被感觉的信息包括有机体内部的生理状态、心理活动，也包含外部环境的存在及存在关系信息。感觉不仅接受信息，也受到心理作用影响。知觉过程中对感觉信息进行有组织的处理，对事物存在形式进行理解认识。从这一定义出发，智慧港口全面感知能力就是要能够准确、及时、全面地获取智慧港口生态环境中的各类信息，并通过有效的机制得到正确响应。显然全面感知既要有感觉的能力，能够直接获取影响智慧港口运作的内部因素和外部条件的各种变化，又能具有类似于人的知觉的能力，能够从整体上、应用需求上挖掘融合这些直接感知获取的信息。

事实上，全面感知是所有深层次智能化应用的基础，所有这些感知的信息属于一个大的范畴，来源于不同的业务层面和不同的物理领域。以自动化堆场智能装卸为例，其主要感知信息有：在智能闸口，光学传感器扫描电子单证二维码；获取箱货信息，视觉传感器扫描识别集装箱箱号和车号，传递给司机目标场箱位；智能堆场入口读取车载RFID信息，装卸作业场桥目标检测系统(TDS)检测集装箱和车辆的位置，吊具检测系统(SDS)检测吊具位姿；TDS与SDS结合，感知深度信息用于完成集装箱的自动抓取和卸载任务，并反馈码头营运管理系统最终场箱位等。一个装卸活动至少需要感知获取这么多的外部信息。为了提高自动化堆场装卸作业的效率和堆场的利用率，需要感知分析每一个装卸作业流程的每一个事件和活动的内容及其所隐含的信息，这就要从码头管理系统的数据库中进行数据挖掘，也可以看成是一种深层的感知。

全面感知根据码头智能化管理、控制和服务的具体要求展开，通过信息物理系统或工业互联网(互联网、物联网和移动互联网)，将感知的信息数据传输出去，汇聚于数字中台或云平台，运用各种智能处理和智能计算技术，对汇聚的海量数据和信息进行分析处理和集成管理(筛选挖掘、质量控制、标准化和数据整合)，达到服务于智慧港口智能装卸的目标。全面感知构成智慧港口生态的第一个特征。

2.2.2 智能决策

决策是企业管理中经常发生的一种活动,科学决策是现代管理的核心,决策贯穿整个管理活动。决策者在自己思维、意志和经验结合基础上,根据客观的可能性和全面感知的信息,为实现特定的目标,对影响目标实现的诸因素进行分析、计算和判断选优后,对未来行动做出决定和行动方案。智慧港口建设发展中的智能决策是在基础决策信息感知收集的基础上,明确决策目标及约束条件,应用科学的理论、方法和工具,对诸如整体规划、复杂计划和动态调度等问题做出快速有效的决定。

智能决策在不同层面、不同方向和领域按决策范围可分为战略决策、战役决策、战术决策和行为决策。举例来说,对集装箱码头自动化堆场,如果把堆场的整体堆存原则、计划和实施看成战略决策,那么分航线、分港口、按周期、按动态的堆存计划和实施可看成战役决策,而具体每个堆区的集装箱动态计划和设备调度实施可以看成是战术决策,集装箱具体装卸过程的自动操控动作则可以看成行为决策。智能决策分类的目的在于更有效地利用感知的信息,更恰当地应用人工智能知识,更迅速地对问题作出响应,提出正确的决定。智能决策的具体实施过程可分为三个阶段:首先是决策问题识别,即通过感知的信息和既有的经验知识,理清事件的全过程,确立问题及其关键所在,提出决策目标;其次是决策问题的诊断,即研究应用一般原则和方法,分析和拟定各种可能采取的行动方案和措施,预测可能发生的情况并提出相应的各种对策;最后是行动方案选择,即从各种方案中筛选出最优方案,并建立相应的反馈系统。在这三个阶段中,智能决策要充分体现出对问题的提炼能力、预测能力和决断能力。

在智慧港口建设发展中,智能决策主要面对的是非程序化决策,即对管理中新颖的、复杂的和不确定结果的问题所做的决策。这种决策没有常规可循,虽然可以参照过去的经验和类似的做法,但需要按新的情况重新研究,进行决策。这种决策在很大程度上依赖于决策者政治、经济、技术的才智和经验,更需要应用创新的理论、方法和技术手段来实施。智能决策的一般技术架构如图2-1所示。

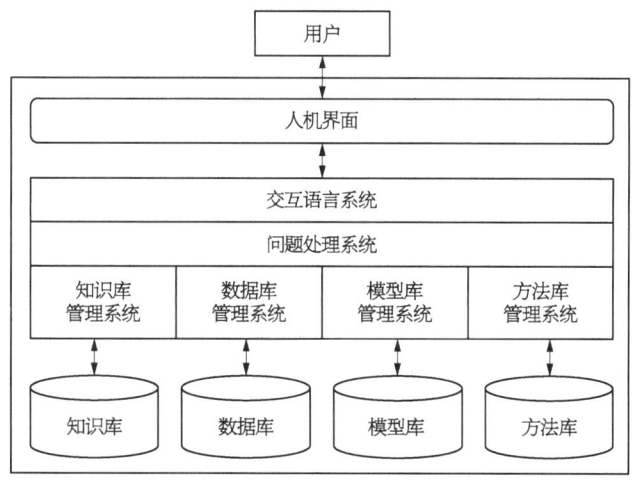

图2-1 智能决策的一般技术架构

决策是任何有目的的活动发生之前必不可少的一步,科学决策是决定管理工作成败的关键,科学决策也是现代管理者的主要职责。智慧港口建设发展是一项系统复杂的创新活动与过程,决策主体的构成复杂多变,决策活动所能感知的信息量猛增,决策活动的频率加快、周期缩短,决策系统的复杂程度增加,因此智能决策应用的泛在性和有效性无疑是体现智慧港口生态环境优劣的又一个重要特征。

2.2.3 自主装卸

自主装卸是一种无需或仅需极少的人为干预,就能独立地感知环境并完成对装卸活动及其过程实现自动控制的技术。自主装卸把装卸控制系统的感知能力、决策能力、协同能力和行动能力有机地结合起来,在非结构化环境下根据一定的控制策略自我决策并持续执行一系列控制功能,完成预定装卸的能力。从 20 世纪中叶开始,人类对构建具有智能化的感知与控制系统寄予了极大的期望。智能本身是一个涉及面很广的问题,即便对于人工智能也是如此。对于生物体而言,其最基本的能力是感知和与环境交互的能力,这是生存与探索世界的基础。

自主装卸在智慧港口建设发展中最核心的基础是智能装卸,智能装卸最关键的技术包括两个方面:一是装卸运输设备的智能操控,二是生产组织实施过程的智能管控。智能操控是在智能感知和智能决策基础上,设备自主识别确定装卸对象、作业目标,并安全、高效、自动完成装卸作业任务。智能管控是对一系列的智能操控活动和行为实现群智能控制和管理,从而保证整个装卸活动和过程合理、高效、安全和自动完成。智能操控主要解决装卸设备作业指令的正确控制执行,智能管控主要解决码头装卸系统计划和调度的正确控制执行,两者的协同关系如图 2-2 所示。

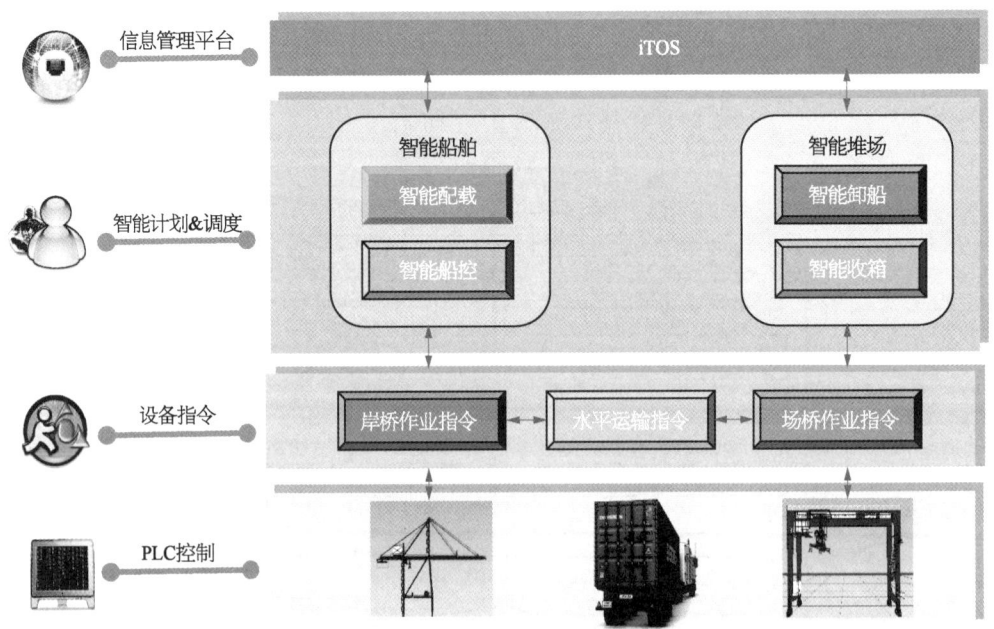

图 2-2 智能操控与智能管控协同关系

目前,世界上大部分自动化集装箱码头和自动化散货码头仍然属于自动控制技术范畴,自主控制的内容很少,即智能化程度比较低,自动控制只能按照给定的控制模型和控制策略进行,而实际的装卸活动和过程非常复杂,并且具有实际经验和知识的积累效应。以集装箱岸桥装卸过程为例,一个优秀的岸桥司机可以通过视觉、体感、手感、知觉、经验和瞬间判断力,恰当控制集装箱运动速度、加速度,准确选择制动点和制动持续时间,从而保证集装箱在装卸运动过程中按照地形匹配轨迹平稳运行,起落箱迅速、正确、平稳。集装箱自动操控系统则只能根据设定的传感器群组,按给定检测逻辑获取物理参数,控制计算机根据感知的这些外部信息,按照操控系统设定的控制模型和决策规则计算输出控制信息,实现岸桥的自动装卸作业。显然,集装箱岸桥自动操控系统能够很好地完成装卸过程的逻辑节拍行为,但它的控制适应性、鲁棒性不够,智能化程度还达不到经验丰富的岸桥司机的水平。自主装卸控制系统综合了两种控制模式的优点,突出了智能控制的特点。

智能感知与智能控制给自主装卸系统赋予了人工智能元素和能力,自主装卸保证了系统与外部世界的柔性连接,同时也是自动化岸桥获取外界知识的重要手段。未来的自主装卸系统不仅仅是自动装卸问题的"专家",而且也是能够应对所有装卸系统的具有学习能力的"常人"。自主装卸的概念可以应用到智慧港口所有大型装卸运输设备,使这些机械设备在智能感知和决策基础上,自主识别确定装卸对象、作业目标,安全、高效、自动地完成装卸作业任务。

2.2.4 全程参与

全程参与首先从技术层面即是通过 5G 技术、云计算、移动互联网技术、物联网技术、机器视觉技术,以及实时动态振动、冲击、温度和位姿监测技术的应用,使港口相关方可以随时随地利用多种终端设备,全程实时信息全面融入统一云平台。通过全程参与、广泛联系和深入交互,使港口综合信息平台能最大限度优化整合多方(服务提供方与服务需求方)的需求与供给,使各方需求得到即时响应服务。

全程参与还体现在港口企业的服务意识、服务品质和服务能力,这是一种软环境,它反映的是企业的内在文化底蕴。一个学习型的企业必然会在全体员工中形成与众不同的内在竞争力,就像一个有良好家风的家庭,他们的每个成员在每件事上都能体现出融化在血液中的品格和传统。举例来说,一个充满安全文化氛围的港口,它的员工在工作中一定会时刻保持安全意识,不会为了贪图某种方便而产生侥幸心理,有多少事故的发生就来源于这种侥幸。另外,以企业的服务为例,一个港口服务水平的高低,除了服务的硬件条件外,全体员工的服务意识和服务水平,以及他们对服务流程的持续创新设计与改善优化,更是必不可少。智慧港口发展的方方面面都需要大家的全程参与。

现在,智慧港口建设发展中全程参与更体现在高新技术与港口功能的紧密联系、相互融合之中,以危险货物集装箱海运进出口智能监管为例,整个危险货物集装箱从装箱到装船业务流程需经历 16 个环节,包括海运托书①、出入境货物包装性能检验结果单②、危险货物运输包装使用鉴定结果单③、包装危险货物技术说明书④、化学品安全技术说明书(MSDS)⑤、场站收据复印件⑥、危险货物安全适运申报单⑦、集装箱装运危险货物装箱证明书⑧、装箱单⑨、报关委托书⑩、出口报关单⑪、货物的情况说明书⑫、海关放行的配舱回单⑬、港口危险品作业申报单⑭、海关放行信息⑮、电子设备交接单⑯。危险货物出口业务流程如图2-3所示。

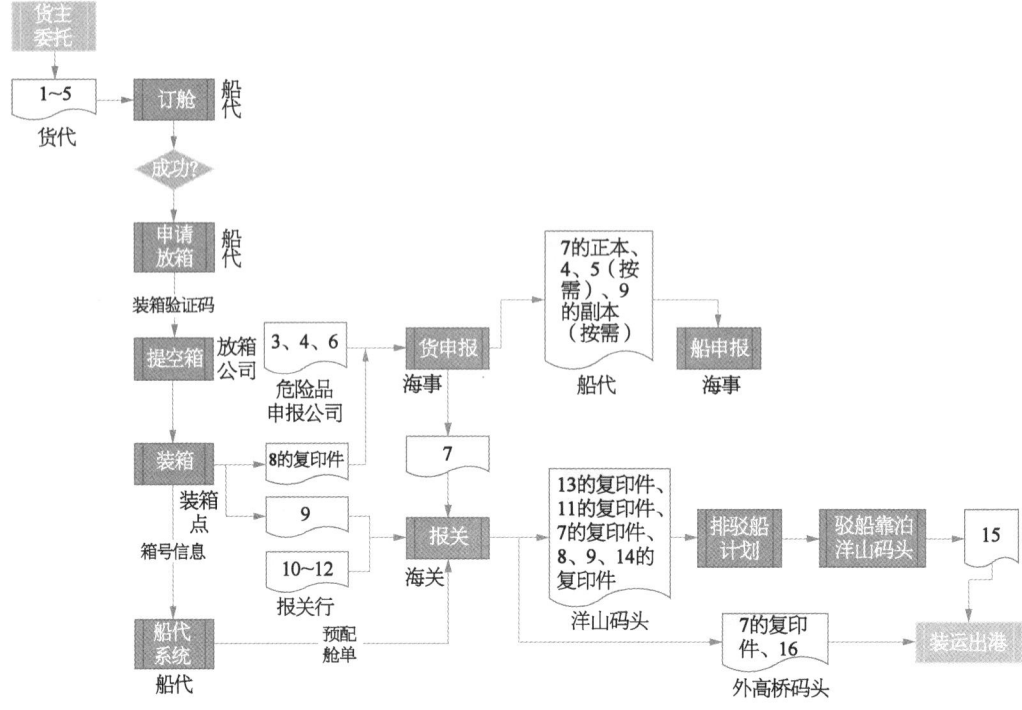

图2-3 危险货物出口业务流程

实体物流相应经历的环节，包括危险货物装箱、危险货物集装箱运输至堆场、危险货物集装箱堆存、危险货物运输至码头、危险货物集装箱装船。危险货物海运进出口物流流程如图2-4所示。

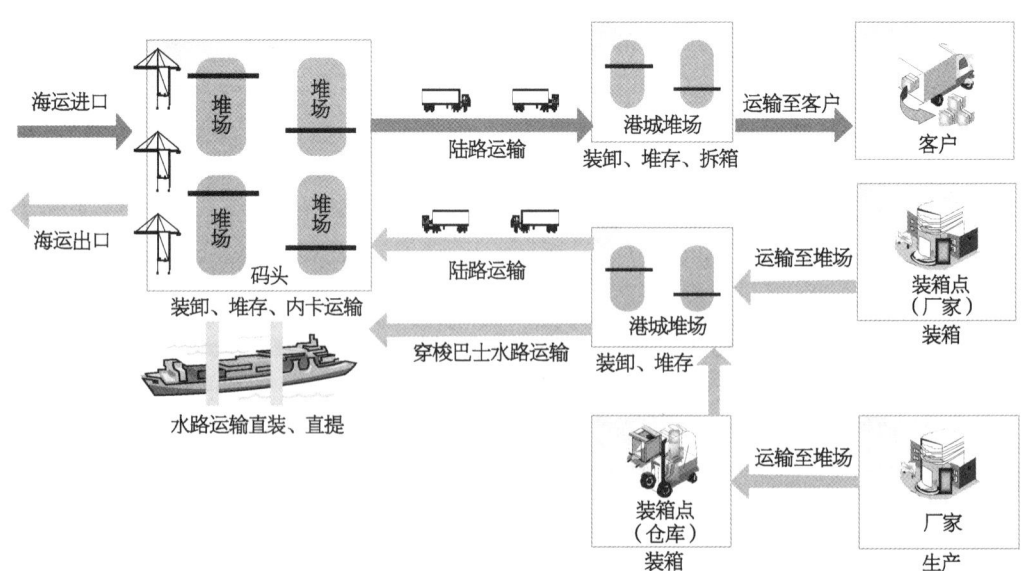

图2-4 危险货物海运进出口物流流程

在这个危险货物集装箱智能监管过程的示例中,机器视觉对危险货物装箱的符合性检验,物理传感系统对运输、堆存过程的安全性监测,电子单证对物流过程业务转换环节的信息检验等,这些都充分显示了全程参与在智慧港口生态环境中的意义和价值。

2.2.5 持续创新

创新是人类特有的认识能力和实践能力,是一种对标现有的社会经济对象或目标,以有别于常规或常人思路的见解为导向,利用现有的知识和物质,为满足社会经济发展需求,改进或创造新的事物、方法、路径和环境,并能获得一定有益效果的行为。在智慧港口生态环境中的持续创新行为可分为两大类:一是大众创新,体现的是企业员工及其管理者面向自己的工作环境,应用积累的经验和知识,发现工作对象的现实与潜在需求,通过各种创新的技术与产品,推动技术创新、服务创新和流程创新;二是系统创新,主要体现在组织管理技术的创新,是对组成系统的诸要素、要素之间的关系、系统结构、系统流程及系统与环境之间的关系进行动态的变革,以促进系统整体功能的不断改善、优化、升级。

其中,大众创新在智慧港口建设发展中最重要的是用户创新,因为用户最清楚他需要发展什么、他需要服务什么、他需要改进什么、他积累了什么经验、他掌握了什么知识。用户创新就是以用户为中心,置身用户应用环境的变化,通过研发人员与用户的互动挖掘需求,通过用户参与创意的提出,到技术研发与验证的全过程,通过用户体验等方式,为用户带来有价值的创新应用,这样的创新实践活动也推动了企业技术进步。以集装箱码头智能配载系统的创新研发为例,配载计划是集装箱码头最重要也是最复杂的生产计划,配载计划在很大程度上决定了集装箱船舶的积载质量、船舶的靠泊时间长短、集装箱码头的服务品质和集装箱码头装卸作业效率等。到目前为止,绝大部分集装箱码头的配载计划还是在 TOS 系统中由人工来完成,配载计划的优劣完全取决于配载计划人员的经验、知识、洞察力、逻辑推理能力和人的工作状态。其实,配载计划人员在做配载计划时,大脑中隐含着一整套源于自己经验、知识、规则的配载逻辑推理和决策系统。通过人工智能技术构建了一套平行于人脑的配载逻辑和决策系统,这套系统在多主体参与、多要素互动的过程中,汇聚了面对不同类型、不同规模、不同航线和不同船舶的配载人员的各种配载经验和知识,能够很好地模拟和自动完成配载计划。智能配载系统的研发过程是一次用户创新的成功实践。智能配载架构如图 2-5 所示。

智慧港口持续创新的另一个重要方面是系统创新,主要体现在创新体系的发展和保障上,包含以下五个方面:

1. 管理创新和制度创新是企业创新的保证

管理创新是通过更新更有效的资源整合来实现企业目标的创新活动和过程。制度创新就是改变原有的企业制度,建立适应现代市场经济体制和社会化大生产要求的以产权明晰、权责明确、政企分开和管理科学为特征的新型企业制度。

2. 观念创新和人才创新是企业创新的根本

观念创新是企业一切创新活动的前提。观念创新就是要转变观念和更新观念,即形成能够更好地适应企业内外环境变化、更有效地利用各种资源、更有利地获取利润和

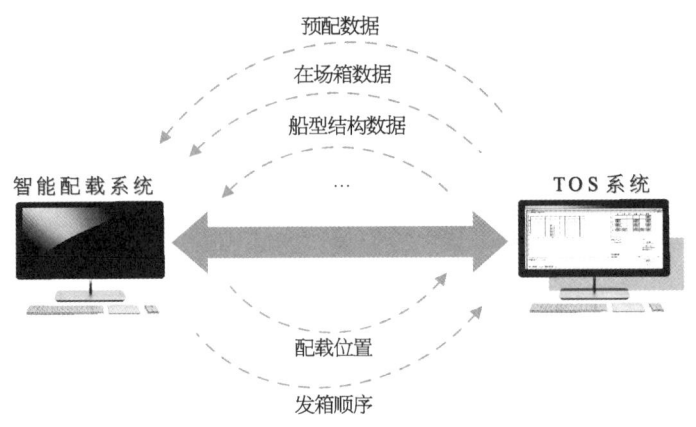

图 2-5 智能配载架构

谋求企业进一步发展的新思想、新意识。人才创新是企业通过多种有效途径引进各种急需的高级管理、技术人才和提高员工整体素质,形成新的人才的过程。

3. 技术创新和知识创新是企业创新的关键

技术创新是以一个新的技术思想为起点,以新的技术成果首次商业化为终点的过程。知识创新是通过基础研究、应用研究和发展研究获得基础科学知识、技术科学知识和应用科学知识的过程。

4. 产品创新和品牌创新是企业创新的载体

产品创新是企业为了更好地满足顾客需求而向市场推出具有新功能、新结构、新外观产品的活动。品牌创新是企业为了进一步提高商业竞争力而向市场推出新品牌,塑造和提升品牌形象价值,提高品牌知名度、美誉度和认可度的活动。

5. 市场创新和营销创新是企业创新的实现

市场创新是企业通过实现各种新市场要素的商品化和市场化来开辟新的市场而进行的一系列创新活动。营销创新是企业为了达到经营目标,通过提高营销活动水平来实现市场需求而进行的一系列创新活动。

在智慧港口建设发展条件下,必将形成有利于创新涌现的创新生态环境,创新民主化逐步成为常态,通过用户为中心的开放创新、协同创新平台搭建,以技术进步与应用创新制度设计的高度互补与互动,形成有利于创新涌现的智慧港口创新生态。

总之,港口可持续创新是通过港口相关方的广泛参与和深入交互,通过港口管理者与智能信息系统的人机交互,智能信息系统的自主学习,使得港口具备持续创新和自我完善的功能,这也是智慧港口最主要的生态特征之一。

第3章

智慧港口与信息物理系统

3.1 信息物理系统概述

信息物理系统(Cyber-Physical Systems,CPS)是把现代网络通信技术融入传统数字控制系统,通过网络通信技术把物理系统与信息系统进行深度结合的新型智能控制系统。当前,CPS相关技术及其应用不仅是学术界的研究热点问题,而且也被许多国家和地区提升至战略层面,成为其重点研究领域。物联网作为CPS的一种简约应用,其产业范围覆盖了医疗保健、智能家居、交通、物流、工业制造和国家电网等多个领域,成就了各领域的信息化及智能化。

3.1.1 物联网的概念

CPS是把物理设备连接到互联网上,通过计算、通信和控制技术(3C技术)让物理设备具有计算、通信、精确控制、远程协调和自我管理的功能,实现大型系统的实时感知、信息服务、动态控制,实现虚拟网络世界和现实物理世界融合的复杂系统,是集计算、通信与控制于一体的新一代智能系统。

CPS如今已经深入小到智能家居、大到工业控制乃至智能交通、智能电网等国家级甚至世界级的应用当中,并且在实施这些产业应用过程中又衍生出众多与之相关的具有计算、通信、控制、协同和自主管理特性的独立智能设备。

德国"工业4.0"的精髓就在于"以物理信息系统打造智能工厂"。中国工程院原院长周济在他的《关于中国智能制造发展战略的思考》报告中提出了HCPS(Human-centered Cyber-Physical System)的概念,他指出:"传统的制造过程借由智能制造战略,将从'人-物理系统'的二元体系关系向'人-信息-物理系统'的三元体系关系进行转变",这一表述深刻地揭示了CPS的内涵。而CPS在工业领域的应用形成了工业信息物理系统(Industrial CPS,ICPS),美国提出的工业互联网也与之具有相同的本质。

因为CPS的计算本质,CPS中接入的设备大多必须具有强大的计算能力,从这一点来说,如果把CPS架构比作胖客户机-服务器模式的话,物联网则可看作是瘦客户机-服务器模式。物联网是CPS的一种简约应用,与CPS具有类似的技术特征。

物联网(Internet of Things,IoT)直接的翻译就是物物相连。国际电信联盟(ITU)对物联网有明确且已经被公认的定义:物联网是通过二维码识读设备、射频识别装置(RFID)、红外感应器、全球定位系统和激光扫描器等信息传感设备,按约定的协议把任何物品与互联网相连接,进行信息交换和通信,以实现智能化识别、定位、跟踪、监控和管理的一种网络。由此可见,物联网与CPS具有相同的含义。

基于互联网、电信网和专用局域网等网络,物联网能让所有能够被独立寻址的实际物理对象连接在一起形成一个巨大的网络,使得人、计算机与实际物理设备之间在任何时间、任何地点都可以交互信息、互联互通。物联网是互联网技术向传统物理系统延伸和扩展形成的网络,是物理系统与网络技术相结合的产物。

3.1.2 物联网的架构及技术特征

1. 物联网的技术架构

根据物联网的定义可知,物联网系统通过传感设备获取各类传感器数据,通过网络进行信息交互,并对获取的数据进行计算及处理以实现系统的智能控制、自主决策和自我管理等功能,因此当前业界普遍认同物联网系统具有三层结构层次:感知层、网络层、应用层。物联网三层技术架构模型如图3-1所示。

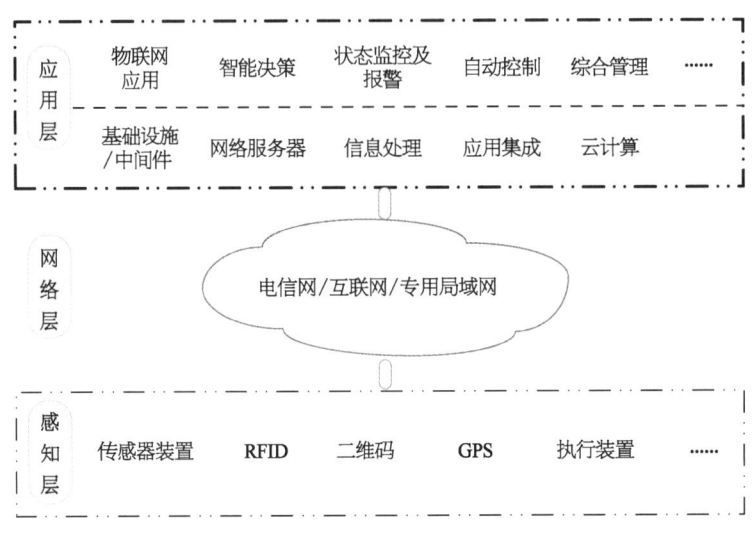

图3-1 物联网三层技术架构模型

（1）感知层

物联网系统第一层为感知层,就是通过各类传感器装置、RFID、二维码识别装置、红外设备和GPS等实现对物体及其周围环境信息的感知、识别和定位。感知层是物联网系统形成的基础,是各类信息的来源层,该层涉及的技术主要包括自动识别技术、传感技术和定位技术等。

① 自动识别技术以计算机技术和通信技术为基础,主要实现数据采集、编码、标识识别、数据管理、传输及数据分析等功能。目前,自动识别主要包括激光扫描、射频识别技术、生物特征识别技术(包括指纹识别、虹膜识别、基因识别、语音识别和人脸识别等)及文字识别等技术。

② 传感技术是利用各类传感装置把特定的被测信号按照一定规律转换成电压、电流和脉冲等可用信号输出,以满足信息的传输、记录、处理和显示等要求。传感装置按照其工作原理一般可分为机械式传感器、电磁式传感器、电容式传感器、激光传感器和视觉传感器等不同类型,可以用来获取压力、重力、速度、位移、距离、液体液位、液体流量、温度和湿度等各类物体状态信息及其所处环境信息。

在物联网中,利用识别装置及传感器感知各种数据信息,对这些信息进行简单的预处理之后,再将预处理过的数据传送给物联网终端实现最终的计算处理,以实现智能控制、智能决策等功能性应用,因此传感装置的精度、可靠性和动态跟踪能力等特性是物联网中选择传感器需要关注的重点问题。

③ 定位技术被用来获取物体的精确位置,目前的主流定位技术主要采用卫星定位系统,包括美国的 GPS 系统及我国的北斗卫星导航系统等。除此之外还有基站定位,这是手机移动通信中的蜂窝网络,比如现在普遍应用的 4G 网络及正在快速发展的 5G 网络所采用的定位技术。

(2) 网络层

万物互联进行信息传输及交互依靠的是网络,因此物联网的网络层处于感知层之上,将数据采集设备上的数据上传到网络服务平台并在物联网内部各个节点之间进行数据传输和交互。

网络层目前广泛采用的主要包括有线通信和无线通信两种模式,比如智能家居、智能楼宇和智能工厂等领域大多采用有线局域网络,工业化与信息化"两化融合"业务中也大多采用有线网络;而移动通信中的 4G 网络、5G 网络,还有家庭或者企事业单位内部的 WiFi 等都属于无线网络。

网络层涉及的网络通信技术主要包括:

① 宽带网络技术,包括局域网技术、广域网技术和无线宽带网络技术等。

② 短距离无线通信技术,包括蓝牙技术、Zigbee 技术、红外技术和 NFC 近距离无线通信技术等。

③ 长距离移动通信技术,如蜂窝移动通信、卫星移动通信等。

④ 设备到设备通信技术(Machine to Machine),也称 M2M 技术,利用该技术可以实现人与机器、机器与机器、机器与系统等之间的信息交互。

⑤ 短距离有线通信技术,比如计算机通信技术、各类工业通信技术等。

(3) 应用层

物联网的应用层最终归结到各领域实现各功能应用。该层对从感知层获取的数据进行处理、计算和数据挖掘等操作,并利用其结果实现物理系统的智能控制、精确管理和自主决策。

应用层又分为应用基础设施(或中间件)及物联网两部分。

① 应用基础设施(或中间件)大多指的是把许多公用能力进行统一封装形成独立的系统软件或服务程序。这种软件系统或程序直接提供给物联网应用使用,物联网使用者不需要再额外对这些服务程序(比如外部设备驱动程序、通信协议支持程序等)进行开发,所以应用基础设施(或中间件)为物联网应用提供实现数据存储、处理和计算功能等需要的通用基础服务设施或支持,以及提供资源调用接口,是物联网在各领域实现各种应用的技术基础。

目前,物联网中间件主要包括 EPC、OPC、WSN、OSGi、CEP 等,另外还有嵌入式中间件、数字电视中间件、通用中间件和 M2M 物联网中间件等。物联网基础设施相关技术还包括最终实现物联网应用的数据处理及计算技术,如云计算、大数据挖掘技术等。

② 应用层中的物联网应用就是用户直接使用的各种应用,小到移动支付、智能家居,大到智能农业和智能工业等物联网在各个领域的各类应用。

2. 物联网的技术特征

物联网的核心是物与物、人与物之间的信息交互,通过信息识别装置及传感装置获取物体、环境等信息,将信息在网络内部各节点之间进行传输,使各节点能获得相应的信息,并能对信息进行处理和加工以完成基于信息的决策过程。因此物联网的基本技术特征包括三个方面:整体感知与识别、快速实时传输和全面应用。

(1) 整体感知与识别

根据物联网的定义可知,物联网的感知能力是通过利用 RFID 技术、二维码识别技术,通过各类传感器等感知设备获取网内物体及其环境的各类信息,然后把感知到的事物状态或信息用特定的、合适的方式表示出来。物联网依靠网内各类传感装置、标识识别装置等按照一定的采样周期实时获取物品状态信息、位置信息和环境信息等,信息数据随着物体状态不断更新,最终可捕获海量数据。

(2) 快速实时传输

物联网基于无线网络、互联网或电信网络等各种通信手段,将获取的物体信息实时、准确地传到网络内各节点,以便实现信息的交流和共享。

(3) 全面应用

全面应用包括资源的共享和交换、对海量数据和信息进行分析和处理、对各种方案实施智能化的决策等。物联网不仅提供了传感器的连接,而且其本身也具有智能处理的能力,能够对物体实施智能控制。物联网将传感器和智能处理相结合,利用云计算、模式识别和大数据处理等各种技术从传感器获得的海量信息中分析、加工和处理出有意义的数据,以适应不同用户的不同需求。

3.1.3 物联网目前的应用领域

物联网技术的快速发展为社会经济的发展提供了新的动力,目前已广泛地应用于交通、能源、医疗、家居、工业、农业和物流等多个领域,形成了小到智慧家居、智慧楼宇系统,大到智慧交通系统、智慧医疗系统、智慧农业系统,甚至国家战略层面的智慧电网系统等的各类系统。

工业是物联网应用的重要领域,美国提出的工业互联网是物联网技术在工业领域中的体现。基于物联网的智慧工业是把各类传感装置、无线通信及网络、计算机技术及云计算、自动控制等技术融入工业生产的各个领域,以达到提高制造效率、改善产品质量、降低生产成本的目的。目前,物联网在工业方面的应用主要包括制造业供应链管理、生产过程工艺数字化、产品设备远程在线监控、环保监测及能源管理和工业安全生产管理等领域。

智慧物流是物联网助力物流行业的结果。以物联网技术为依托,借助 RFID 技术、标识识别与追踪技术、卫星定位技术及其他传感器网络,可以监测物流各环节信息,包括货物运输、入库出库、包装和装卸单据流转等,通过网络实现各环节信息在物流过程中各相关部门内部流转,实现供应商、批发商、零售商之间的信息共享、相互协作,有效实现以物流管理为核心的物流运输过程、存储、包装和装卸等环节的一体化及物流过程的智能调度管理。智慧物流通过整合物流核心业务流程,加强物流管理的合理化,降低物流消耗,达到降低物流成本、增加利润的目的。基于物联网技术,智慧物流系统可以实现企业的物流系统、采购系统、销售系统的智能融合,并可进一步将智慧物流与智慧生产、智慧供应链融合在一起,企业物流融入企业经营之中,成为打造智慧企业的重要一环。目前智能物流的典型应用包括智能仓储管理、智能货运交通系统和物流企业个性化分析等。

智慧港口以物联网技术、5G 与移动互联网技术、云计算技术、大数据技术、人工智能、系统仿真与预演技术、虚拟现实(Virtual Reality,VR)与增强现实(Augmented Reality,AR)、装卸机器视觉与自主控制等高端技术为支撑,可以实现港口码头的全面感知及数据集成管理。在基础决策信息感知收集的基础上,明确决策目标及约束条件,对整体规划、复杂计划、动态调度等问题快速做出有效决策;在智能决策的基础上,设备自主识别确定装卸对象、作业目标,并安全、高效、自动完成作业任务;能够通过云计算、移动互联网技术的应用,使港口相关方可以随时随地利用多种终端设备,全面融入统一云平台。通过广泛联系、深入交互,使港口综合信息平台能最大限度优化整合多方需求与供给,使各方需求得到即时响应;通过港口相关方的广泛参与和深入交互,以及港口管理者与智能信息系统的人机交互,智能信息系统的自主学习,使得港口具备持续创新和自我完善的功能。

智慧港口的功能构成包括港口码头设备的自主装卸操作系统,集设备操作与生产计划于一体的智能管理系统,港口与海关、检验检疫、税收及其他部门之间工作往来的智能政务系统,港口与铁路、公路、代理、物流园区之间开展业务往来的智能商务系统等。

3.2 信息物理系统发展现状

"物联网"一词最早是在 1991 年由美国麻省理工学院的 Kevin Ashton 教授提出的。1995 年比尔·盖茨在他的著作《未来之路》中也提及了物联网。中国科学院在 1999 年启动了"传感网"的研究,并在美国召开的移动计算和网络国际会议提出了"传感网是下一个世纪人类面临的又一个发展机遇"。2009 年,欧盟委员会发表了欧洲物联网行动计划,描绘了物联网技术的应用前景,提出了欧盟要加强对物联网的管理,以促进物联网的发展。

在中国,物联网的发展和研究也受到了高度重视。2009 年 8 月,时任国务院总理温家宝提出了"感知中国"的概念,一举促进我国物联网技术和应用进入研究高潮。至此,物联网在中国作为国家战略不断深化,工信部在 2011 年和 2012 年连续两年下发了规模达 5 亿元的专项资金,2012 年国家发改委也推出 6 亿元的物联网技术研发及产业化专项资金。2013 年国务院发布了《国务院推进物联网有序健康发展的指导意见》,从国家总体规划的层面对物联网发展进行了引导。全国三十多个省市将物联网作为该地区新兴产业重点发展,发布了诸多专项规划或行动方案,在工业、农业、家居和医疗等多个领域全面开展实施物联网技术研究和应用开发。

目前,物联网的应用已经遍布军事、电力、工业、农业、建筑、医疗、环境监测、空间和海洋探索等领域,尤其是人工智能的深入研究和发展,更是将物联网技术上升到 CPS 的大体系。

3.3 信息物理系统在智慧港口中的应用

信息物理系统及物联网技术发展至今已经在诸多包括交通运输、物流和港口等领域实现了广泛的应用,为智慧港口的建设与发展提供了坚实的技术支持,目前已催生出了以智慧港口系统建设为终极目标的多种独立应用系统。

3.3.1 船载危险货物的全程跟踪和船岸对接

近年来,经水路运输的危险货物的种类和数量不断增加,相应地带来各环节风险的增加。从船载危险货物来看,船载危险货物集装箱燃烧、爆炸等恶性事故时有发生。为了有效避免事故的发生,除了海事局继续充分发挥其监管职能外,针对船载危险货物的前序环节进行系统分析和总结、实现危险货物的全程跟踪和船岸对接是很有必要的。

危险货物的全程跟踪和船岸对接以物联网技术为核心,将物联网技术与5G技术、图像识别技术等融合在一起加以实现。具体实施方法是在危险货物集装箱运输车辆内、外部安装监控相机,使监管部门实时监控危险货物集装箱运输过程,掌握危险货物车辆的行驶状态和运行环境,及时发现环境或人为问题;借助模式识别技术,可自动识别、报警危险货物集装箱运输车辆驾驶员超速、驾车时打手机等违规行为,以及打瞌睡、注意力不集中等疲劳现象。同时利用5G技术和物联网技术,通过车载数据采集传感器等硬件,实时监管危险货物集装箱状态信息,实现对人、车、货的全天候监管。

危险货物的全程跟踪和船岸对接系统架构如图 3-2 所示。

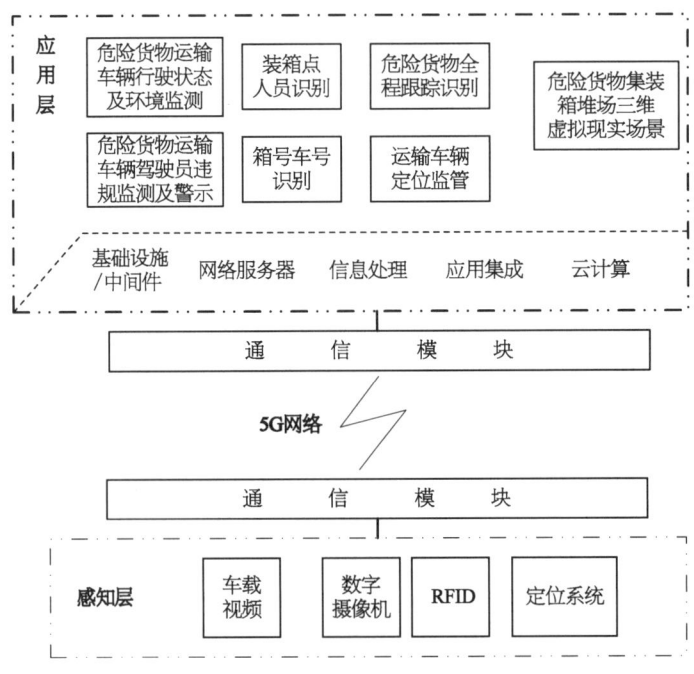

图 3-2 危险货物的全程跟踪和船岸对接系统架构

系统采用成套船载危险货物集装箱全程跟踪监管技术,包括5G全程跟踪监管技术、智能识别和无线传感技术、定位监管技术及虚拟现实技术,建设高效实用的危险货物全程跟踪监管平台,提高智能化感知、主动预警等方面的应用水平,实现对各个监管部门监管信息的有机融合与共享,以提升监管能力,解决目前船载危险货物在跟踪监管中的盲区。

1. 全程跟踪监管技术

我国实现对高危车辆动态监控的传统做法是利用车载终端内置的计时功能,一般把车辆连续行驶时间超过4 h判别为疲劳驾驶,然而这种判别方法不能实现对同一车辆配置多名驾驶员的有效监控,忽略了驾驶员疲劳的个体差异,且具有驾驶疲劳监管滞后的问题。

未来5G网络的传输速率最高可达10 Gbps,将有效改善现有视频监控响应慢、监测效果差等问题,可以更快地提供更高分辨率的监测数据。在危险货物集装箱车辆内、外部安装监控相机后,可使监管部门实时监控危险货物集装箱运输过程,掌握危险货物车辆的行驶状态和运行环境,及时发现环境或人为问题。借助于模式识别技术,可自动识别、报警危险货物车辆驾驶员超速与驾车打手机等违规行为,以及打瞌睡、注意力不集中等疲劳现象。同时,利用5G技术和物联网技术,通过车载数据采集传感器等硬件,还可实时监管危险货物集装箱状态信息,实时掌握危险货物集装箱位置、温度、压力和浓度等监管信息,实现了对人、车、货的全天候监管。

2. 智能识别和无线传感技术

智能识别和无线传感技术的应用主要包括装箱点人员识别、箱号车号识别、危险货物全程跟踪识别、运输车辆定位监管和危险货物集装箱全程可视化监管。

(1) 装箱点人员识别

装箱点人员识别主要采用人脸识别技术来验证监装员的身份资质,规范监装员的操作流程。在装箱点全面启用人脸识别技术,事先采集申报员、监装员的面部图像及相应的职业资格并建立档案。装箱时,监装员通过"刷脸"进场,通过人脸识别确认监装员身份及职业资格。这种"刷脸"技术识别可在短时间内自动验证监装员身份及资格,防止无监装人员进场监管情况及不具有监装资格的普通人员进场操作情况的出现,从而在装箱环节中避免因装箱流程不规范而带来的安全隐患。

(2) 箱号车号识别

集装箱号码识别和车牌识别是利用先进的计算机模式识别技术、图像采集技术和网络技术等综合而成的数字识别。当集装箱运输车辆驶过相关识别区域时,无须人工干预,通过高清相机摄像机自动采集车辆视频图像和集装箱视频图像,并经过后台系统图像数据预处理后,可识别出车牌信息(车牌号码、车牌颜色、车牌类型等)及集装箱信息(集装箱箱号、集装箱尺寸、集装箱箱门等)。

依托虚拟收费站大量高清相机提供的车辆视频图像及电警卡口管控,构建以装卸地点为"点"、运输道路为"线"的跨省市危险货物集装箱运输车辆监管网络,可以有效识别行驶在高速公路上的危险货物集装箱运输车辆的车牌、箱号等监管信息,并能够进行海关监管信息的自动比对、风险判别,完成车辆运行轨迹自动核销、货物查验或者放行指令处置等卡口智能化管理作业,实现危险货物集装箱运输车辆分流、自动验放,对危化品运输车量的全过程、全方位实时管控,全面提升危险货物集装箱运输车辆各环节的安全监管水平。

（3）危险货物全程跟踪识别

应用 RFID 技术可跟踪、监控运输车辆的路径与时间。危险货物运输前，外包装上加装了 RFID 标签的危险货物通过门口时，RFID 阅读器便自动采集货物的信息，完成盘点并将信息输入主机系统数据库。入库后，通过阅读器自动完成清点作业，并更新库存信息。发货装箱时，RFID 阅读器可自动更新库存信息并实现对货物的实时追踪。

危险货物在运输途中，借助沿途设置的 RFID 监测点，即可准确地了解货物的位置与完备性，在事故发生后，司机求援不知道自己所在位置时，通过监测点也能迅速得知事故发生的位置，从而保证在第一时间采取紧急救援措施。

（4）运输车辆定位监管

将车载定位设备作为危险货物运输车辆必须安装的设备，借助移动通信技术及 GPS 定位技术，只要卫星信号覆盖的地方，就可以实现对危险货物集装箱运输车辆位置、速度、方向、线路和行经区域等状态全天候实时有效的跟踪和监控管理。

（5）危险货物集装箱全程可视化监管

借助三维可视化监管技术，建立数字化的危险货物集装箱全程跟踪监管平台，实现对危险货物集装箱全程监管的全息化和可视化。

基于三维虚拟现实技术的危险货物集装箱堆场管理系统，通过对堆场现有设施设备基础信息的统计和整理，按比例将堆场箱区、办公设施、消防设施、出入道口和下水道等重要设施设备进行数字化实体建模，保证虚拟堆场场景与实际场景的匹配和基础数据的真实可靠性，为操作人员全方位、多视角、立体化地监管危险货物集装箱堆场提供基础平台。

系统还将堆场内固定消防设施设备按照真实位置和属性进行设置，实现平台内的消防设施设备查询和管理可视化功能，管理人员不仅可以任意地查询消防栓、消防炮及消防车辆等设备的位置、属性，而且能够通过三维场景动态演示消防设备的有效作用半径，辅助消防人员进行消防预演，提升消防人员应急救援响应能力。另外，通过对地面模型的隐藏操作，还可显示堆场地下的下水道管线布局及相关参数，从而辅助现场工作人员做出正确的判断和决策，避免发生处置不及时或处置不当的情况。

3.3.2 集装箱国际多式联运中的工业互联网标识解析

由于国际集装箱多式联运参与方较多，行业集中度非常低，产业链之间相互协作受到制约，在行业发展过程中积累了诸多问题，包括集装箱标识不唯一、集装箱的标识识别仍然以手工抄录箱号为主、多式联运集装箱物流在供求双方之间存在较大的信息不对称等，这些问题极大地制约着行业的健康发展。

建立面向国际多式联运集装箱行业的工业互联网标识解析二级节点，向集装箱制造、货主、港口、船公司、物流服务和金融保险等集装箱全供应链领域重点行业提供标识解析服务，是解决上述问题的重要途径。

作为物联网在工业领域的应用，工业互联网通过唯一标识与数据采集，可以关联起多式联运中相关物流数据平台和业务操作平台，实现全球环境下全供应链的信息实时与透明，以及全供应链下的多式联运集装箱远程监测、跟踪与管理。

国际多式联运集装箱工业互联网标识解析二级节点除了具有标识注册、标识解析、标识代理服务和数据同步等基础能力以外，还可以实现基础能力之外的推广应用，如供应链管理应用、全生命周期管理应用、全过程追溯应用、成品箱管理应用、多式联运集装箱跨境物流应用、铁路集装箱货代运输管理应用、危险化学品运输集装箱供应链管理应用、集装箱维修维保管理应用及集装箱堆场码头港口作业管理应用等。

在国际多式联运集装箱工业互联网标识解析二级节点架构中着重强调的是应用层，包括基础设施层、中间件层及能力应用。

基础设施层提供网络服务器、数据库、云计算和虚拟化等服务。

中间件层包括通信接口、标准注册管理、标识解析服务和安全运维等，主要实现二级节点与国家一级节点之间的数据交换。

能力应用包括基础能力应用及扩展能力应用。

基础能力应用体现在二级节点平台上，主要包括标识注册、标识解析、数据同步、业务管理能力及安全保障等核心软硬件系统；二阶平台构建在天翼云上，是可灵活扩展的工业互联网和工业大数据平台，能为集装箱制造企业提供数据采集、设备监控、数据存储分析、运营优化和资源管理等一系列服务。

扩展能力应用体现在三个平台上：标识汇聚使能平台、二级节点行业应用平台、物联网汇聚使能平台，主要功能包括供应链管理应用、全生命周期管理应用、全过程追溯应用、成品箱管理应用、多式联运集装箱跨境物流应用、铁路集装箱货代运输管理应用、危险化学品运输集装箱供应链管理应用、集装箱维修维保管理应用及集装箱堆场码头港口作业管理应用等。

国际多式联运集装箱工业互联网标识解析二级节点的技术架构如图3-3所示。

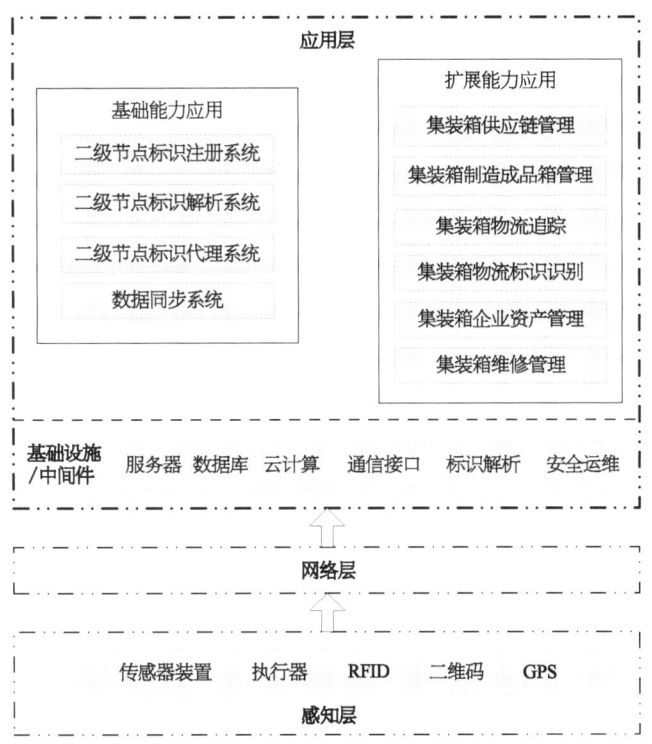

图3-3 国际多式联运集装箱工业互联网标识解析二级节点的技术架构

3.3.3 集装箱码头岸桥自动化远程操控

传统集装箱岸桥的操作需要司机在随着岸桥移动的驾驶室内跟随作业对象全程操作,由于设备振动、惯性和司机的注意力高度集中等原因,司机的劳动强度非常大、工作效率低下。

岸桥自动化远程操控系统是要在传统的岸桥电控系统基础上加装包括激光扫描仪、数字摄像头、北斗-GPS 双模定位系统等在内的多源传感器装置、监控设备、网络服务器及嵌入式控制器等,并将这些智能化核心组件与作业指令、集卡、集装箱装卸设备和远程操作台通过工业互联网有机结合起来,进行网内实时数据交互,实现岸桥的自动化运行,只需要有限的人工辅助操作就能完成整个作业过程。

岸桥自动化远程操控系统时时处处体现着工业互联网技术与控制技术、计算机技术、信息技术和图像识别技术等高新技术的融合应用,是智慧港口建设中的重要组成部分和体现之一。

基于工业互联网的岸桥自动化远程操控系统架构如图 3-4 所示。

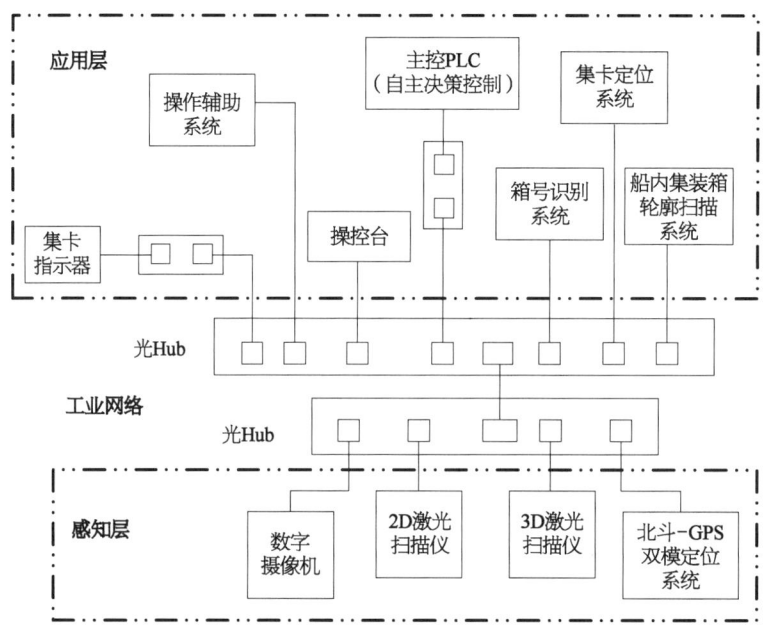

图 3-4 岸桥自动化远程操控系统架构

远程操控系统的应用层包含了远程操控台系统、视频监控系统、远程操控辅助操作系统、集卡定位系统及船内集装箱轮廓扫描系统等功能子系统,每个子系统各司其职、协调工作,共同完成对桥吊的远程控制。

1. 远程操控台系统

远程操控台安装在控制室中,包括显示器、手柄和触摸屏等,操控台与控制室中的远程主控 PLC 通过光缆连接,并和岸桥上的控制系统连接,桥吊控制系统中的本地 PLC 与远程主控 PLC 之间进行通信,接收主 PLC 指令并向主 PLC 传送所需的各类数据信息。司机可以通过远程操控台在视频显示器及辅助操作系统(OAS)的帮助下操控设备,确保装卸作业的正确、安全与高效。

2. 视频监控系统

视频监控系统通过数字摄像机监测远程操控作业时岸桥各运行机构的运行状态,设备状态会在远程操控辅助操作系统的监控界面上实时显示。其监控内容包括作业集卡是否到达、正在作业集卡的车号、桥吊大车下方车道人员及其他非作业集卡是否处于安全状态;监视吊具下方待作业的集卡和下层集装箱的锁孔位置等信息,以便远程司机根据相关画面实现正确的着箱、闭锁操作;监控起升吊具运行情况,以及着箱、对箱情况;监视大梁俯仰挂钩情况等。

3. 远程操控辅助操作系统

辅助操作系统采用图形化界面实时显示视频监控系统及其他子系统发送的设备状态和各类监测数据,是司机正确操控桥吊、应对各种紧急情况的事实依据。系统通过通信光缆分别与集装箱轮廓扫描系统(SCP)、集卡定位系统(CPS)、集装箱箱号识别系统(CNR)及主控PLC连接在一起。OAS与其他子系统之间的信息交互包括发送控制指令信息(车道号、开始扫描等)给CPS;并从CPS接收集卡位置信息;接收SCP扫描到的轮船中集装箱轮廓信息,并通过轮廓信息计算轮船上贝位的位置;接收起重机主控PLC运行状态等信息;根据不同的作业流程,发送PLC的控制指令(例如进入准备状态、目标地址、箱尺寸等);与CNR通信,将摄像后经过图像识别的集装箱箱号与生产管理系统中给出的指令作业箱号比对,确保作业正确。

4. 集卡定位系统

集卡定位系统采用3D激光扫描仪确定集卡应停的精确位置,并将精确位置由显示屏显示以指导集卡司机进行正确、高效停车。集卡定位系统中包括由旋转平台和2D激光测距仪共同组成的3D激光扫描仪、集卡定位数据处理系统、集卡指示器等功能构件。3D激光测距系统实时扫描检测集卡位置,并将数据送入集卡定位数据处理系统进行处理,计算获得集卡的实际位置,传送给OAS及主控PLC,并经由集卡指示器显示,指导司机正确、高效停车。

5. 船舶积载集装箱轮廓扫描系统

船舶积载集装箱轮廓扫描系统采用安装在小车架上的2D激光扫描仪及3D激光扫描仪对吊具运行范围内区域进行扇面扫描,实时准确地测量小车吊具运动范围内物体的轮廓,包括小车方向物体的轮廓及大车方向物体的轮廓,建立基于小车坐标系的轮廓地图,采用激光扫描仪数据处理计算机计算船舶积载的集装箱的分布、计算船舶的倾转角度及导轨高度。这些实时检测数据及处理结果同时被传送给操作辅助系统及主控PLC。一方面,可供操作司机掌握集装箱轮廓状态;另一方面,主控PLC可根据相应信息执行智能决策,优化吊具的运动路径,避免可能的碰撞危险,实现小车防撞与自动操作路径优化,达到精确装船或卸船的目的。

同时,采用激光扫描仪对待装卸船舶的漂移量进行检测,信息传送给主控PLC以实时调整小车及起升机构的定位目标。

从上述这些港口的实际应用案例可以看出,CPS为智慧港口的全面感知、智能决策、智能管理、智能控制和智能服务等功能的实现与应用提供了新的基础设施和良好的信息化条件。

3.3.4　5G 无线通信技术在智慧港口应用

5G 通信技术在港口行业最有可能在 3 个方向产生高价值应用。5G 定义多样化应用场景和对应能力指标如图 3-5 所示。

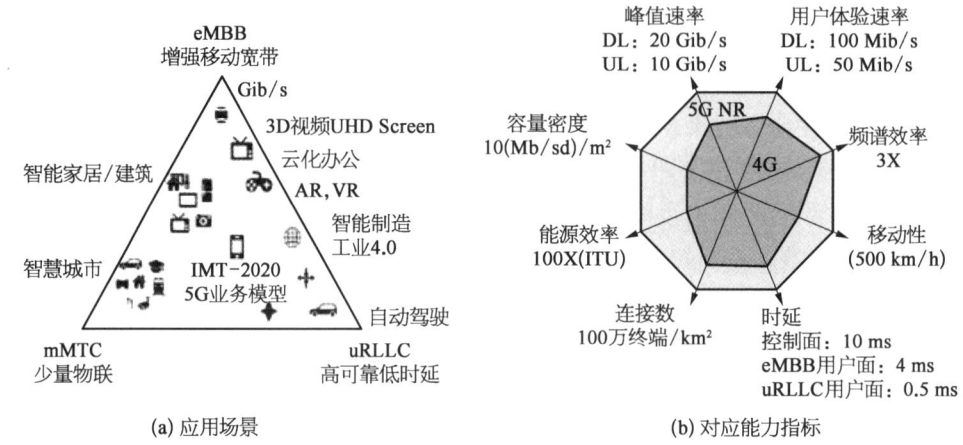

图 3-5　5G 通信技术应用范围

1. 5G＋新型自动导引运输车或类自动集卡智能驾驶

新型自动导引运输车（AGV）或类自动集卡智能驾驶规模化应用。近几年，谷歌、百度等互联网公司已经在全球多地乘用车市场开展自动驾驶应用级技术架构、车联网通信设备等方面的测试。目前，在自动驾驶平台，车车、车路协同标准和技术设备方面进展迅速。集装箱重型卡车（以下简称"重卡"）的自动驾驶也同步在全球多地开展，目前问题主要集中在车企路测牌照，路侧、车内 C-V2X 设施设备标准和技术优化及重卡线控质量尚处于测试阶段，这些政策或者技术难点一旦突破，在自动驾驶技术架构上领先的车企或互联网公司将通过简化实验场景（如在开放道路的封闭区域或封闭的集装箱港区大规模测试后取得场景数据），再辅以 AI 高强度训练自驾单元获得性能提升得以成熟而进入大规模应用。

2. 5G＋大数据＋人工智能

拥有码头管理软件（TOS）的技术型公司可以通过 5G 高效通信手段获得以前无法想象的高频低时延机械作业动作状态，数据回传后如能有效利用大数据和人工智能，以及对作业热点区域加以实时动态调度，将会有效帮助码头企业在生产方面节能降本和增效。利用码头其他管理系统，如 EAM 通过 5G 网络将置于码头各类设备设施的物联网传感器读数回传进行精益化的设备管理和生产管理，这将进一步提升码头的成本控制水平。

3. 5G＋VR＋AR

码头未来很可能尝试通过 5G 的场景化应用改变目前的培训模式、维修模式和生产远程操作模式。例如,上海港已经通过VR实现4D沉浸式轮胎吊司机培训,未来如能充分借鉴智能制造企业在5G+AR方面的先行先试经验,将彻底改变现在大型机械维修工人的修理模式。

目前,个别码头利用5G高带宽测试大型流动机械现场海量视频回传,以期实现无线回传远程控制或是对目前机械上有线网络进行冗余,但在目前5G频谱下所能提供的带宽很难满足大规模视频远程控制或该做法性价比极低,期待一方面5G后期甚至6G增强型标准能突破带宽瓶颈,另一方面OCR技术和8K摄像技术发展将大幅减少视频摄像头安装数量,如再辅以边缘计算等技术手段,那么传统码头和堆场大量机械将得以全面实现远程控制,减轻司机劳动强度,减少司机人数,提升码头效益,使整个行业受益。

第4章

智慧港口与中台系统

中台系统通过对业务、数据和技术的抽象,对服务能力进行复用,构建统一的、标准化的、制度化的数字服务体系。中台是一种技术架构,更是一种思想、一种战略。港口中台系统,是中台战略在港航领域的探索与实践。港口中台系统通过对港口内外部业务、数据和技术的抽象,对港口数字化服务能力进行复用,形成港口级/集团级的服务能力,消除了港口企业内部各业务部门、各码头、场站等分/子公司间的壁垒,适应了大型港口企业集团业务多元化的发展战略。基于港口中台系统,可快速构建面向港口营运管理者或最终客户的前台应用,从而满足各种个性化特征的前台需求,为港口企业的数字化转型提供明确的道路,为智慧港口建设赋能。

4.1 中台概述

中台是一个新的概念,却是一个旧有名词,在新时期我们赋予其新的内涵。在中国古代东汉时期,尚书台成为政府的中枢,号称中台。唐朝所完善的三省六部制,也将尚书省称为中台。

在一个投资银行的组织结构中,前台(Front Office)是与客户直接互动的岗位,诸如大堂经理、客户经理、柜员等。中台(Middle Office)是指直接支援前台工作的所有人员,使用前台或后台的资源,为前台提供专业性的管理和指导,并进行风险控制,比如风险管理、合规应对、财务管控及IT服务等。后台(Back Office)是指幕后的职能岗位,行使管理职能,比如结算、清算、会计和人力资源等。

位于芬兰的著名移动游戏公司Supercell以小前台的方式组织了若干个开发团队,每个团队包含了开发一款游戏所需的各种角色。这样,各个团队可以快速决策、快速开发。而基础设施、游戏引擎、内部开发工具和平台则由类似"部落"的部门提供。"部落"可以根据需要扩展为多个小分队,但各个小分队都保持共同的目标。"部落"本身并不提供游戏给消费者。

2015年的阿里巴巴已经拥有规模庞大的个人会员和企业会员,业务种类纷繁复杂,业务之间交叉依赖,业务团队众多,不能及时响应业务的要求。因此,2015年12月时任阿里巴巴集团CEO的张勇通过内部邮件宣布启动阿里巴巴2018年中台战略,构建符合DT时代的更具创新性和灵活性的"大中台,小前台"的组织机制和业务机制,实现管理模式创新。即将产品技术力量和数据运营能力从前台剥离,成为独立的中台,包括搜索事业部、共享业务事业部和数据平台事业部等,为前台即零售电商事业部提供服务,从而前台得到精简,保持足够的敏捷度,更好地满足业务发展和创新需求。

2017年5月出版的《企业IT构架转型之道:阿里巴巴中台战略思想和架构实战》详细阐述了业务中台介于前台与后台之间,其采用共享的方式建设,解决了以往烟囱式和单体架构设计的重复开发、数据分散和试错成本高等问题。书中列举了建设业务中台的一些原则包括高内聚低耦合、数据完整性、可运营性和渐进性等。此书的出版推动了中台思想的发展和中台的建设。

之后,很多互联网公司快速跟进中台。滴滴出行在2017年12月分享了《如何构建滴滴出行业务中台》。京东在2018年12月宣布采用前台、中台和后台的组织架构。

4.1.1 中台的服务模式

中台可以作为一种企业组织管理模式和理念。不过从技术系统角度看，中台也可以作为一种新型的企业IT设施架构。此外，为建设中台系统，有些企业会成立专门的中台技术团队来整体负责、实现和运营。因此作为组织管理模式的中台和中台系统这两者并不是完全分开的。

中台化的组织方式就是在公司内部构建统一的协同平台。一方面，可以让各业务部门保持相对的独立和分权，保证对业务的敏感性和创新性；另一方面，用一个强大的平台来对这些部门进行总协调和支持，平衡集权与分权，并为新业务、新部门提供生长空间，从而大幅降低组织变革的成本。中台部门提炼各业务线的共性需求，最大程度减少重复"造轮子"。

从技术系统层面看，中台是企业级共享服务平台。传统的IT系统或套件没有太多关注系统能力的复用和共享，因此企业在多年的信息化过程中引入和建设了多套具有重复功能的烟囱式系统。而中台则要求对能力进行细粒度分析，识别共享能力，并将共享能力建设成为统一的平台。因此中台不是单系统的服务化。

综上所述，中台是能力的枢纽和对能力的共享。中台是在集中的基础上建设分权的业务，进行连通，并为各业务提供统一的服务。因此一切将企业的各式各样的资源转化为易于前台使用的能力，为企业进行"以用户为中心"的数字化转型服务的平台，都是中台。但要注意，与此思想相匹配所建设的中台团队并不能当作资源共享团队。中台团队关注的是如何形成基础服务，为前台团队建设业务应用提供便利。因此中台要实现平台逻辑与业务逻辑的分离，并隔离不同前台业务。

另外，中台不是微服务，因为中台不仅是一种技术架构，还是企业进行数字化转型的整体参考架构。不过从技术角度，可以认为微服务是建设中台的最佳实践。微服务是将J2EE时代的单体架构拆分为多个提供微服务的技术架构。微服务将相关联的业务逻辑及数据放在一起形成独立的边界。各个微服务之间通过标准的协议，比如HTTP RESTful风格进行通信访问。各个微服务间是松耦合的，不同的微服务开发团队理论上可以使用不同的技术栈来实现微服务而无须强求一致。另外，微服务所需的数据存储一般都由单独的数据库实例或数据库模式隔离，数据的交互只能通过接口或消息实现，而不能在数据库层直接访问另一个微服务的数据。微服务强调接口的隔离原则是通过接口封装。由于微服务可单独部署，因此可根据需要对所需的微服务进行扩缩容，无须针对整个系统，从而使系统的伸缩性更灵活，更能应对大流量并发场景，比如秒杀。微服务拥有与生俱来的独立开发、独立部署、独立发布特性，支持高并发、高可用，以及去中心化管理等优点。但由于微服务是分布式编程，提高了开发、调试、部署和运维等的难度，增加了服务管理的复杂性，且需要重新设计原先由单一数据库保证的原则性等。虽然微服务对开发团队提出了更高的要求，但是它促进了研发团队的一体化运维能力，从而改变了企业的研发组织架构。

4.1.2 中台的技术内涵

在程序设计中,函数是将一段经常使用的代码封装起来,在需要使用时直接调用。首先,使用函数体现了程序设计模块化的指导思想,即将大问题分解为小问题,通过解决小问题来解决大问题。其次,函数的使用大大减少了重复编写程序段的工作量。最后,相关的通用函数集可以编译成动态链接库及类库,这再次提升了复用的可能。既然我们可以使用函数、类库的方式将一些可复用的功能封装起来,那么也可以将可复用的功能作为服务提供。中台是比函数和类库更高层次的复用封装,从而更好地服务于业务。因此从技术角度来讲,以服务的方式提供共享能力的平台就是中台。共享的三个层次如图 4-1 所示。

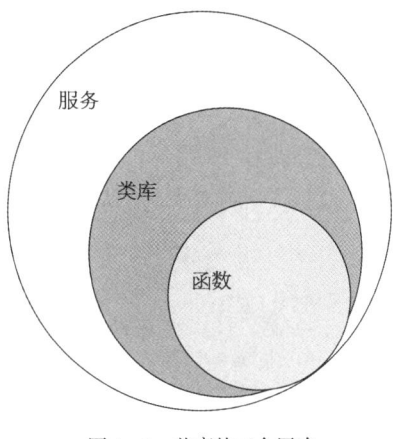

图 4-1 共享的三个层次

4.1.3 中台的体系与分类

中台是从多个相似的前台业务应用共享的需求中产生的,因此最先提出的中台是业务中台。业务中台是从整体战略、业务支持、连接行业客户和业务创新等方面进行统筹规划的,因此业务中台包含了港口的主营业务,业务中台更多关注的是如何支撑在线业务。

数据是从业务系统产生的,而业务系统也需要数据分析的结果,那么是否可以把业务系统的数据存储和计算能力抽离,由单独的数据处理平台提供存储和计算能力?这样不仅可以简化业务系统的复杂性,而且可以让各个系统采用更适合的技术,专注做本身擅长的事。这个专用的数据处理平台即数据中台。

无论是业务中台还是数据中台,都是在企业 IT 系统架构演进过程中形成的,并从企业自身 IT 系统规划、建设、运营和运维等多年的实践中提炼出来的共性能力。业务中台和数据中台作为两个"轮子"并肩构建了数字中台,支撑前台对客户提供从营销推广、转化交易到智能服务业务的闭环服务,促进企业业务的提升和发展,如图 4-2 所示。

业务中台抽象、包装和整合后台资源,转化为便于前台使用的可复用、可共享的核心能力,实现了后端业务资源到前台易用能力的转化。业务中台的共享服务中心提供了统一、标准的数据,减少了系统间的交互和团队间的协作成本,为前台应用提供了强大的"炮火支援"能力,且能够达到拿来即用的效果。

数据中台接入业务中台、后台和其他第三方数据,完成海量数据的存储、清洗、计算和汇总等,构成企业的核心数据能力,为前台基于数据的定制化创新和业务中台基于数据反馈的持续演进提供了强大支撑。可以认为,数据中台为前台战场提供了强大的"雷达监控"能力,实时掌控战场情况,料敌先机。数据中台所提供的数据处理能力和在之上建设的数据分析产品也不限于服务业务中台,数据中台的能力可开放给所有业务方使用。数据中台是业务中台的支撑。数据中台不仅仅提供分析功能,更重要的是能为

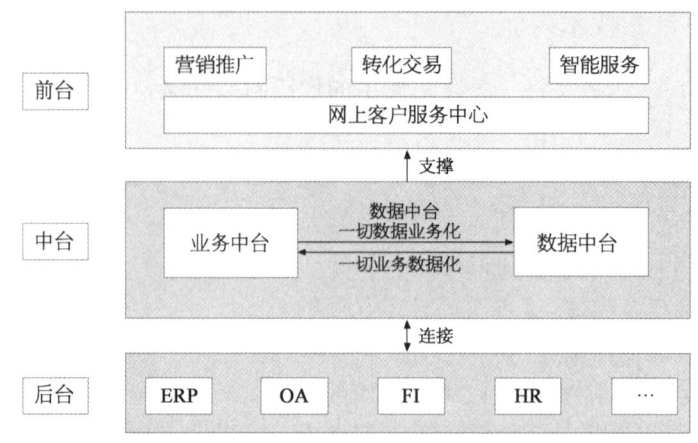

图 4-2　业务中台与数据中台构成的中台系统

业务提供服务。数据中台往往除了要整合业务系统产生的用户数据、订单、评价等行为数据外,还需要对一系列的数据进行加工处理,最终以微服务的形式提供支持。同时,数据中台也是在大数据概念兴起之后应运而生,大数据处理技术只是数据中台的基础设施提供者,大数据技术的快速发展加速了数据中台战略成熟,甚至可以说大数据平台是建设数据中台的基石。数据中台是一个用技术连接大数据计算存储能力,用业务连接数据应用场景能力的平台。"连接能力"是数据中台的精髓。数据中台的作用是引领业务,构建规范定义的、全域可连接萃取的、智慧的数据处理平台,建设目标是高效满足前台数据分析和应用的需求。数据中台涵盖了数据资产、数据治理、数据模型、垂直数据中心、全域数据中心、萃取数据中心和数据服务等多个层次的体系化建设。

从前台应用的角度看,业务中台所提供的直接面向用户的服务能力与数据中台所提供的预测监测分析等能力是一体的,并不是相互独立的。业务中台与数据中台相辅相成,互相支撑。对于业务方来说,自己生产数据并同时消费自己的数据,在消费自己数据时又在继续产生数据,从而形成数据闭环。业务中台和数据中台只是技术实现的方式不同,它们一起组成了支撑业务创新的两个"轮子",缺一不可。

4.2　中台发展现状

4.2.1　中台技术的行业发展现状

先来看看中台的起源地——阿里巴巴集团建设中台的驱动力和成果。2008 年的阿里巴巴集团由于内部部门之间的隔离、业务目标相对不一致,淘宝网和淘宝商城(即现今的天猫)是作为两套独立的系统分别建设的,即两套独立的烟囱式系统。但两者的基础业务都是电商交易,因此基本功能是类似的,包括商品、交易、支付、评价、物流、积分和论坛等功能。由于系统间的隔离,虽然淘宝商城的流量和交易持续走低,却无法将淘宝网的流量引流到淘宝商城,因此两个业务部门商量如何打通两个电商平台,从而成立了共享业务事业部,着手进行内部称为"五彩石"的项目。"五彩石"项目的成果,即现在称为"中台"的各共享业务服务中心,这为后续天猫的快速发展奠定了坚实的基础。中台整合了阿里巴巴集团的产品技术能力和运营数据能力,对各前台业务形成了强有力的支撑。后续上线的聚划算、1688等均得益于中台的建设。

阿里巴巴集团的"大中台,小前台"的系统体系架构引发的企业业务架构变革功不可没,它既是阿里巴巴集团互联网业务发展经验的结晶,也是行业发展中先进经验的总结,因此也值得向行业用户输出。随着腾讯、京东、美团等互联网头部企业从集团层面推动以搭建中台为目标的组织架构变革,数据领域的一批创业公司也纷纷提出中台战略,这让越来越多的企业关注中台。当前,中台的发展还处于行业头部企业运用、其他企业探索观望的初级阶段。在我国数字化进程不断推进的背景下,企业的数字化转型正进入新的阶段,中台系统的作用越来越重要。主要包括以下几个方面:

(1) 行业处于探索实践阶段,规模应用落地仍需时日

中台系统现在正处于早期阶段,真正建设中台系统或用来进行系统升级的企业比例很小。各行业内,面向消费者端的行业还没有特别成熟的方法和工具,不同厂商都在进一步探索和实践,中台系统的商业价值未完全展现,规模应用还需要等待市场的孕育,落地实施中仍有诸多挑战。

(2) 企业关注程度高,但有关概念及整体的认知程度不足

泛消费领域和产业互联网的企业更为关注中台系统的发展及相关动态。多数互联网企业在阿里、腾讯、京东等企业宣布建设中台系统后开始关注,尤其是需要快速响应市场需求变化的企业对中台一直保持较高的关注程度。

尽管近两年互联网头部企业及部分行业的领先企业开始落地中台系统建设,但从市场整体来看,尤其是传统行业对中台系统的认知程度还较浅,仅有少数企业将中台上升到企业战略层面,大多数企业对是否需要中台及中台的实际作用还心存疑虑,市场还需要进一步普及。

(3) 中台系统的建设成本投入大,建设周期长,需要逐级建设

得益于国内近年新技术的发展和广泛应用,企业对技术实践的成本有了理性的认识。中台系统的建设不是一蹴而就的,它与企业原有机制的融合是个长期过程,其建设成本在百万元以上,其建设周期更是以月或年计算。

整个建设过程需要根据企业业务目标逐级建设,从而实现企业数字能力逐级进化、价值持续叠加。同时在建设过程中还需要培养客户的运维管理团队,甚至重构整个IT团队,以提高企业数字化运营能力等。

(4) 市场初期竞争格局尚不明朗,行业头部企业成竞争焦点

中台系统服务商主要由三类厂商构成:头部互联网企业、独立中台开发商、一体化数字企业服务商。整个中台系统行业尚处早期阶段,市场集中度较低,格局尚未形成,各厂商都处在通过自有渠道进行横向与纵向扩张阶段。

市场中不断有新玩家进入,在资本助推下,在部分细分行业中竞争将日趋激烈。互联网、金融和新零售等对数据更敏感的行业将成为服务商竞争的要地,行业内的头部企业是竞争焦点。

由于头部企业自身的业务体量及数据复杂程度,对于配套的数据安全管理要求也

较高,因此对服务商的考量非常严格。

获取头部客户订单对于服务商而言非常重要,是对其综合实力的侧面背书,具有立竿见影的效果。

(5) 正向不同领域延伸拓展,进一步助力企业数字化转型

中台系统正在从互联网行业、新零售行业向其他行业及各细分应用领域延伸扩展,在深入挖掘行业属性的同时探索具体落地方案。

尤其是本身专注于某个细分领域的服务商,也在探索该细分行业的中台系统,因为在垂直场景下,这类服务商能更好地服务特定类型的行业客户,能提供更加有针对性的行业解决方案,所以可以更好地助力该细分行业企业客户进行数字化转型升级。

此外,在领域延伸拓展过程中,不同公司之间的合作可形成某特定领域服务生态解决方案的闭环。

4.2.2 中台技术的主要应用场景

1. 泛零售

该领域是当前中台系统落地最多的领域,发展最快。在技术和消费升级的驱动下,数字化转型已经成为整个泛零售行业的共识。尤其是近几年源于"人"的移动化、"货"的定制化、"场"的多元化,以"人"为核心,企业通过更细的颗粒度推动从消费者到零售商、品牌商的全链路业务和体验优化,实现"数据业务一体化"。掌握数据就等于掌握了消费者的需求,因此依托中台系统,企业将原有的众多实体数据进行资产化,充分进行数据流通,整体上提升了泛零售企业的数据能力,快速洞察消费者的需求并迅速做出反应,实现"线上+线下"的一体化经营,最终提升消费者体验,形成新的零售生态圈。泛零售企业更接近消费者,所以其中台系统的搭建往往更加垂直,注重场景化和个性化定制,力求实现以消费者为中心的线上线下一体化的数据闭环,对消费者需求进行精准分析,才能应对越来越快的终端市场变化。

2. 金融

为更好地应对变化,中台技术赋能金融机构转型升级。在传统金融体系中,IT 系统往往由各业务部门依据业务线进行对口建设。目前每个机构中有百套乃至千套系统,形成了当前纵横交错的矩阵式 IT 系统现状。随着前端金融从销售型向服务型转变,各种高并发、大数据量、需要强一致性且横向扩展能力的业务场景越来越多,各机构越来越需要在安全可控的前提下提供更加个性化的产品,以寻找差异化经营的可行模式。同时在加强监管与统一风控的形势下,对 IT 设施的服务能力和运营能力要求也越来越高。金融机构在数字化转型中,中台系统成了实现全渠道、全链路敏捷业务能力的主要方案。金融机构有庞大的用户和数据,可在各产业的上中下游拓展业务。只有在实际金融场景中实现内部部门连接和与终端客户的连接,才能更快地应对政策、规则和需求的变化。金融机构从以业务为中心向以人为中心转变,打造场景金融服务模式,甚至激发新需求和创造出新的商业模式。目前,相较业务中台,数据中台在金融领域运用相对更多。

3. 数字政府

中台架构是政府信息化的新路线,推动数字政府向 2.0 进阶。数字政府是数字中国

大背景下,政府行业数字化转型的最终表现形式,是促进政府改革、社会创新发展的牵引力,也是建设数字中国的重要推动力。多年来,政府信息化持续推进与深化,初步完成了数字政府1.0的建设,实现了政务服务的在线化、网络化与移动化。其间,政府搭建起了完整的政务服务信息框架,初步形成政务云为基础设施的新型技术架构体系,提升了政府公务人员办公效率。数字政府从1.0向2.0进阶,重点是要解决政务服务业务创新速度落后于社会需求的问题,保证各部门间数据的互联互通,推动数据和业务的融合,让"数据"价值为"业务"服务赋能,提升服务型政府供给侧能力。中台系统的运用,实现政务数据化运营和政府部门的流程再造,全面提升政府面向公众的便捷服务能力、精细化的社会治理能力、科学化的决策能力,为政府带来了新的治理模式和服务模式,最终实现公众办事从"最多跑一次"向"一次都不跑"的变革。

4. 医疗

在医疗领域,中台尚处于概念普及阶段,未来将驱动区域医疗信息一体化建设。医疗机构信息化始于1999年,经过20年的发展,医院围绕各个业务模块建立了住院、门诊、护理和检验等多个信息系统,但建立这些系统的厂商各不相同,导致业务数据封闭在业务系统中,缺乏兼容性和整合性。在宏观上,每家医院系统数据无法在医院之间、区域之间进行流转。随着医疗健康服务体系的全面转型,现有的HIS、EMR等系统不能很好地体现医疗数据的价值,医疗信息系统架构面临升级以适应复杂多变的需求。未来,医院信息化由医疗与管理双轮驱动,基于中台系统打通医疗信息"围墙",沉淀有效的医疗数据,把精细化运营和临床路径、单病种管理结合起来,贯通服务链条、业务链条和数据链条,实现临床、科研和运营等医院各主体的数据分析,便于医生操作落地,提高诊疗效果,提升医院工作效率。通过打通医院间数据,提高医疗资源的利用率,实现高效优质的医疗服务,且有助于医联体、分级诊疗等政策落地,重构医院的价值体系。

4.3 中台系统在智慧港口中的应用

4.3.1 中台理念对港口资源整合的意义

港口企业与电商企业业务模式、经营模式完全不同,但在数字化转型道路上所面临的问题却有诸多相似,甚至如出一辙。以国内某港口为例,该港口在2009年曾对物流板块进行过一次大范围的整合,将港区内几乎所有后方堆场、箱管堆场、滚装汽车堆场、矿石堆场及港区之外的大量无水港和内陆堆场都整合重组为一家二级公司,专门经营港口的物流板块。多年实践证明,从整体的经营战略而言这无疑是一次非常成功且必要的整合,但是在此期间,企业在信息化建设过程中还是不可避免地遇到了一些问题。在信息化整合过程中,由于人力、资金、资源有限,只重点考虑了港区内部的堆场系统集约化整合,但不同堆场经营分公司尤其是无水港基于本部门的业务需求提出了相对独立的方案,IT部门为满足不同业务部门的不同业务需求(有时甚至是相互冲突的),搭建了纷繁复杂且部分功能重复的烟囱式系统。烟囱式系统的建设不仅带来了功能的重复建设,而且还带来了重复维护,导致企业的重复投资。如今再想整合更非易事,为了打通烟囱式系统,还须专门设计第三方集成方案或引入企业服务总线(ESB)的概念,集成和协作成本高昂,因此至今尚未彻底完成堆场系统的数字化整合。在建设和引入新的系统时,虽然各部门根据自己的业务需求构建了定制化的最优解决方案,但是这些方案可能只是局部最优;如果从公司整体来看,不一定是全局最佳的解决方案。所以,构建系统如果不从全局出发,不进行现有系统的改造升级,那么只能是在旧的复杂性上再次引入新的复杂性,导致系统越建越复杂,而效率却越来越低。

4.3.2 港口中台系统的发展基础

港口业务纷繁复杂,数据纵横交错,体量极大,港口对信息化、数字化和智能化领域的新兴技术持续跟踪并积极实践,国内大型港口从云计算、数据仓库到大数据中心、人工智能、区块链,都在践行着港口数字化转型之路。

1. 港口云计算平台建设基础

近年来港口信息基础设施保障能力显著提升。天津港、上海港、宁波港和山东港等国内大型港口运营商都在不同程度上建设了规模不等的云计算中心,不断推进核心上云,逐步实现内部生产系统集约化管理。显然,基于云计算的港口云中心建设已成为趋势。以国内某大型港口为例,该港口以数字化转型为目标,于2017—2019年经过为期3年的"补短板"建设,通过统一核心生产系统(TOS),建设集团级云计算中心,成为国内首个将TOS等核心生产系统统一集中部署的港口,且目前在国内港口中云计算中心的建设量级和使用比例已经较为领先,云计算能力达到7 116 Vcpu,结构化数据存储能力达到1.86 PB,结构化数据日均增长量达到14 GB。核心系统上云比例不断提高,大数据聚集效应显著增强,尤其是云中心系统服务能力和集约化管理的普遍意识较为领先,各公司已更为倾向于"云模式"管控。

2. 港口大数据建设基础

各港口积极探索大数据融合及应用。数据资源融合水平在广度上主要体现在大数据中心的资源汇集体量和完整性,在深度上主要体现在基于港口中台系统的资源融合及使用。港口与海关、海事、市交委等监管部门数据交互不断深化,逐步完成港口EDI系统升级、全球船舶AIS数据整合、全国道路运输车辆等信息/数据整合,有些港口与口岸监管部门实现了数据互通和战略互信。在政府支持下,由港口参与建设大通关平台、特殊区域联网监管系统和口岸电子支付系统等政府重大项目建设任务,建成了连通包括海关、检验检疫在内的口岸监管单位和外经贸、工商等地方政府相关部门及国内外主要金融机构的地方电子口岸平台,服务网络覆盖海港、空港口岸和所有特殊监管区域,并辐射周边区域。大型港口企业获取港航数据的渠道相对比较完整,其数据体量及规模较大,且在大数据深度融合有效利用方面在逐步探索。国内港口积极打造数据资源融合平台,政府监管部门积极配合智慧港口建设,协助打造数据更齐全、功能更完善、操作更高效和管控更智能的港航数据资源融合平台,港口与海关的数据交互程度和嵌入式管控的创新交互模式不断发展,在行业内起到了积极的示范作用。综合而言,各港口在大数据的整合及应用方面均处在数据资源整合的阶段,基于中台系统等先进理念的大数据规范化、规模化应用尚在探索之中。

综上所述，这些技术的快速发展及其与现实业务的融合催化了中台战略。港口中台的理念已经萌生，部分大型港口已经开始研究、探索、规划适合自身需求的港口中台系统。

港口中台系统是港口企业 IT 架构的转型之道。站在港口集团全局的角度看，港口中台是从整体战略、业务支持、连接客户和业务创新等方面进行统筹规划的，因此港口中台包含了港口主营业务，港口中台更多关注的是如何支撑在线业务。我国部分港口企业在"线上＋线下"战略模式探索的过程中其实已或多或少地有意识去抽象和打造一些共性服务，或者说是业务中台的基本概念雏形。港口企业一开始是由旗下各个集装箱码头公司牵头，分别探索和构建方便客户使用的线上业务受理平台，实现提箱、缴费和进箱等业务的线上办理，甚至有些件杂货、干散货码头也做了不同程度的尝试，这些平台都是烟囱式的相互独立的系统，但其实本质上都是集装箱业务受理、在线缴费等线上业务服务。因为都是线上交易平台，都涉及信息核对、业务受理和支付的业务流程，存在着共性需求，所以国内一些大型港口在近些年已经陆续开发了全港统一的线上受理中心等公共服务平台，平台可以对接港口集团下属的码头公司生产系统，并具备统一的接口服务标准，只是这些平台的抽象程度、复用能力和开放程度还有很大提升空间。因此，港口业务中台目前在我国乃至全球港口行业中都处在萌芽状态。

4.3.3 港口中台系统建设

以港口线上受理中心为例，该中台以线上业务受理为核心，受理的对象是集装箱/货物的相关服务，服务通过码头、堆场等经营企业售卖给客户，交易的凭单是受理计划单，在线交易需要支付，售前需要营销活动吸引客户进行线上业务办理，售后客户会对提供装卸/运输服务的码头、堆场进行评价等。由此可见，典型的业务中台由多个业务服务中心组成，包括客户管理中心、箱货信息中心、线上交易中心、投诉评价中心、码头/堆场企业中心、支付中心、营销中心和物流查询中心等。

1. 客户管理中心

客户管理中心服务于客户的商务全生命周期，为客户提供特定的权益和服务，客户维护团队可以通过企业会员中心与客户进行互动，提高服务质量。其主要能力包括：

① 客户维护管理，包括用户注册、客户公司注册、公司操作员管理、个人信息维护和用户注销等相关能力。

② 客户体系管理，包括客户体系的创建、积分规则、奖惩规则、等级和权益等相关能力。

③ 客户服务管理，包括客户的新增、导入和查询等相关能力。

④ 积分管理，包括积分获取、核销、清零、冻结和兑换等相关能力。

2. 箱货信息中心

箱货信息中心提供可接受线上业务受理的集装箱/货物的管理能力，围绕线上业务构建业务关联数据，诸如箱号、提单、货物信息、业务类型、服务方式、服务地点、基本费率等。其主要能力包括：

① 箱货属性管理，包括对箱号、提单号、报检号等属性的维护、查询，属性及属性组

管理等相关功能。

② 业务数据管理,包括对业务类型、业务服务方式、业务标准费率等的创建、编辑、查询及禁用等相关能力。

3. 线上交易中心

线上交易中心负责企业业务交易订单的整体生命周期管理,包括服务选择→订单生成→合并分拆→流转→支付→装卸作业/运输作业→申诉等问题处理→完成。所有线上业务的核心系统都是围绕交易订单进行构建的。其主要能力包括:

① 服务选择,包括服务添加、增值服务选择、编辑、查询和校验等相关能力。

② 正向交易管理,包括交易订单生成、发起支付交易订单、集装箱/货物物流节点状态推送、上门自提及核销等相关能力。

③ 逆向交易管理,包括撤销订单、撤销预约等相关能力。

④ 订单数据管理,包括交易订单、支付记录、作业记录和退款记录等数据管理能力。

⑤ 交易流程编排,交易流程节点自定义、可配置,便于根据业务需求设置与之匹配的流程。

4. 投诉评价中心

投诉评价中心提供对提供服务的服务经营主体对象投诉、评价的能力,以及对评价内容、评价操作的管理能力,从而满足不同角色的评价用户对评价内容的发布、追加、平台审核和平台申诉等需求。其主要能力包括:

① 投诉内容管理,包括管理投诉的主体对象、投诉规则配置和等级等相关能力。

② 评价内容管理,包括管理评价的主体对象、评价规则配置和评价等级等相关能力。

③ 客户在线评价能力,包括评价的发布、修改、追加和回复等相关能力。

④ 评价监管能力,包括评价发布审核、申诉审核和评价屏蔽等监管相关能力。

5. 码头/堆场企业中心

码头/堆场企业中心提供线上企业主体管理、类型管理、经营对象管理等能力以支持集团为生产企业提供线上门店,同时也支持企业管理、企业会员、会员等级管理等。其主要能力包括:

① 企业信息维护管理,包括企业上线开通、审核和企业基本信息维护等相关能力。

② 企业操作管理,包括线上业务员工管理、权限管理等相关能力。

6. 支付中心

支付中心为码头/堆场服务企业输出标准的支付服务,提供代付代收、财务对账等服务。通过对接多个主流渠道,稳定输出微信、支付宝和银联等支付功能。其主要能力包括:

① 支付能力,包括创建支付订单、接收渠道通知、查询渠道订单等基本支付能力。

② 支付路由,包括支付渠道管理、支付方式管理、支付商户和应用开通管理等相关能力。

③ 资金账户,包括资金账户管理、充值维护和提现等相关能力。

7. 营销中心

营销中心提供线上业务的相关活动计划、申报、审批、执行和核销的全链路管理,也提供基本的促销能力,如增值优惠活动、折扣优惠等。其主要能力包括：

① 活动模板管理,包括提供营销活动的策略模板、规则配置、条件和动作模板等相关能力。

② 活动管理,包括提供具体活动的基本信息配置、触发条件等相关能力。

③ 折扣管理,对于业务量大的客户、线上办理参与度高的客户,提供折扣条件动态查询、折扣启用、禁用等相关能力。

8. 物流查询中心

物流查询中心提供集装箱/货物等港内作业状态情况、物流运输状态情况查询等相关服务能力。其主要能力包括：

① 港内作业状态管理,包括服务企业、箱区、贝位、状态及其关联管理等相关能力。

② 物流状态管理,包括物流需求、费用和物流状态监控等相关能力。

综上,建设港口中台系统,可同时运用在多个线上平台的开发设计和服务中。港口中台系统可以为同时建设或运营多套线上业务平台的港口企业节省系统建设和运营成本,因为中台系统既可以避免功能重复建设,又可以通过全渠道打通客户系统来增加流量、互相促进,还可以减少运营成本和人员。随着中台技术逐渐成熟,以及港口中台系统需求的不断凝练,中台系统必将成为智慧港口建设的重要组成部分。

第5章

智慧港口与区块链技术

区块链概念自2008年被提出以来,其应用逐渐从加密数字货币演变为一种提供可信服务的平台,各行各业积极探索"区块链+"的行业应用创新模式。

跨行业、跨部门、跨区域的高效组织与物流链协作,是智慧港口的重要标志与外在体现,智慧港口将围绕港口价值服务链,积极探寻业务变革与服务创新,提升港口综合软实力。区块链去中心化、过程可验证、可追溯、防篡改、开放性的技术特点可助力创新港口发展格局,构建开放协作、高度互联港口生态圈体系。

5.1 区块链概述

作为信息技术体系的重要组成部分,区块链有望成为继蒸汽机、电力、信息和互联网科技后又一项改变人类社会和经济发展方式的技术。区块链是一项新技术,它将许多已有的跨领域的学科整合到一起,涉及数学、密码学和计算机科学等领域。由于跨学科融合支撑,使得区块链构建了一个在数字世界中自治理、可信赖、可溯源的系统。

5.1.1 区块链概念

区块链源于2008年11月1日,名为中本聪(Satoshi Nakamoto)的人或团体在metzdowd.com网站的密码学邮件列表中发表了一篇题为《比特币:一种点对点的电子现金系统》的论文。该文指出区块链技术是构建比特币(Bitcoin)系统的基础技术,区块链记录所有元数据和加密交易信息,从而建立了一个完全通过点对点(P2P)技术实现的电子现金系统,此系统使得在线支付的双方不用通过第三方金融机构而直接进行交易。

从协议的角度出发,区块链是一种解决数据信任问题的互联网协议;从经济学的角度出发,区块链是一个提升合作效率的价值互联网。从记账视角看,区块链是一种分布式记账技术或账本系统,是一种电子记录形式的账簿,其中每一个区块是账簿的一页,从第一页"链接"到最新一页;这些区块一旦被确认,几乎不能做修改操作,每个区块包含了当前一段时间内的所有交易信息。

我国工信部发布的《中国区块链技术和应用发展白皮书(2016)》中,区块链被定位为分布式数据存储、点对点传输、共识机制、加密算法等计算机技术的新型应用模式,是一种去中心化、去信任的基础构架与分布式计算范式。

5.1.2 区块链类型

按开放程度可将区块链分为三类:公有区块链、行业区块链和私有区块链。

公有区块链(以下简称"公有链")是指任何个体或者团体都共用一条区块链,只要接入此链都可以在上面发送交易,并且交易能够获得该区块链的有效确认,任何团体或个人都可以参与其共识过程。公有区块链是最先出现的区块链,也是目前应用最为广泛的区块链,多应用于比特币等去监管、匿名化、自由的加密货币场景。这类区块链被认为是"完全去中心化"的。

行业区块链(以下简称"行业链"或"联盟链")是共识过程受到某些预选节点控制的区块链。由该行业集体内部首先指定多个预选节点为记账人,每个区块的生成是由所有的预选节点共同决定的,其他节点只能接入区块链负责交易,但不参与共识过程,任何人都可以通过此区块链对外开放的应用程序接口进行有限查询。这类区块链被认为是"部分去中心化"的。

私有区块链(以下简称"私有链")是仅使用区块链这一技术进行记账操作,但它不对外公开。它的对象可以是一个公司也可以是个人,单独拥有此区块链的写入权限,或许会对外开放有高度限制的读取权限。

5.1.3 区块链的基础技术

区块链基于共识机制、分布式数据存储、P2P传输和加密算法等信息技术,带动互联网由信息互联网向价值互联网转变。

1. 共识机制

所谓共识,是指多方参与的节点在预设规则下,通过多个节点交互对某些数据、行为或流程达成一致的过程。共识机制是指定义共识过程的算法(共识算法)、协议和规则。

共识算法包括工作量证明机制(Proof of Work,PoW)、权益证明机制(Proof of Stack,PoS)等。PoW共识机制也称为工作量的证明。PoW机制(俗称"挖矿",每个节点称为"矿工")通常是各节点贡献自己的计算资源来竞争解决一个难度可动态调整的数学问题,找到一个合理的区块哈希值,成功解决该数学问题的"矿工"将获得区块的记账权,并将当前时间段的所有交易打包记入一个新的区块、按照时间顺序链接到主链上。当一个节点找到这个值之后,就说明该节点确实经过了大量的计算,即得到工作量证明。PoW共识机制同时存在着显著的缺陷,其强大算力造成的资源浪费(如电力)历来为研究者所诟病。PoS共识机制也称为权益证明机制,PoS共识是为解决PoW共识机制的资源浪费和安全性缺陷而提出的替代方案。PoS共识本质上是采用权益证明来代替PoW中的基于哈希算力的工作量证明,是由系统中具有最高权益而非最高算力的节点获得区块记账权。权益体现为节点对特定数量货币的所有权,称为币龄或币天数(Coin Days)。币龄是特定数量的币与其最后一次交易的时间长度的乘积,每次交易都将会消耗掉特定数量的币龄。每个区块的交易都会将其消耗的币龄提交给该区块,累计消耗币龄最高的区块将被链接到主链。

2. 智能合约

智能合约这一理念最早是在1994年出现的,几乎和互联网同时出现。这个术语是由密码学家Nick Szabo提出的,给出"一个智能合约是计算机协议,它促进、验证或者执行合约的协商或履行,或使合约条款不必要"的定义。

区块链技术的出现,使得智能合约再次活跃起来,并被认为是应用在区块链技术上的又一热门技术;并且重新定义了智能合约:智能合约是由事件驱动的、具有状态的、运行在一个可复制和共享的账本上且能够保管账本上资产的程序。

3. 分布式存储

分布式存储方式是将数据分散存放到组网的多台独立设备上,通过运行存储软件进行管理,使系统对外形成一个整体提供存储服务。这种架构中,原有系统职能任务被解耦拆分为元数据服务(数据属性维护、存储位置寻址、权限管理和节点管理等)和数据服务(数据内容的读、写、删、改等)两部分,分别由元数据节点(Mserver)和数据节点(Dserver)承载,分布式存储系统的一般架构如图5-1所示。

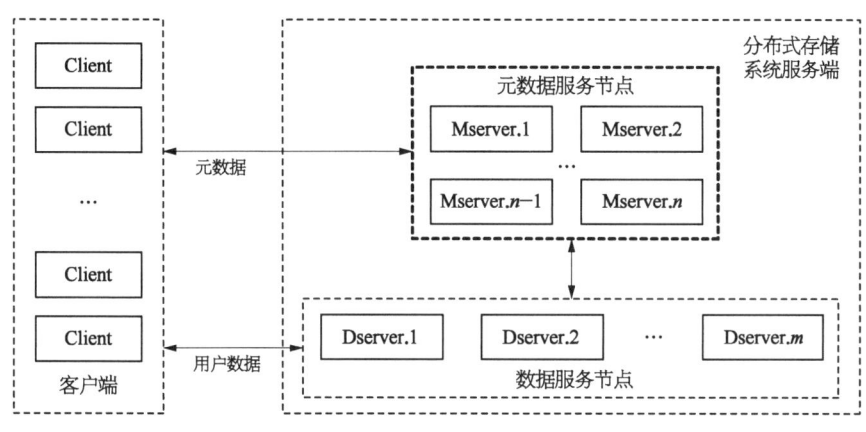

图5-1 分布式存储系统的一般架构

4. P2P 网络技术

P2P网络技术又称为点对点技术,它是一个没有中心服务器、依靠用户群交换信息的互联网体系。P2P网络由于没有中心化服务器,使得它天生具有耐攻击、高容错的优点;并且各个节点地位平等,服务分散在各个节点上进行,因此部分节点或网络遭到攻击对整个系统几乎没有影响。

5. 哈希算法

哈希(Hash)(也称为散列)算法将任意长度的输入值映射为较短的固定长度的二进制值。例如,SHA256算法是将任意长度的输入映射为长度为256位的固定长度输出,这个二进制称为哈希值(也称为散列值)。通过哈希输出几乎不能反推输入值,不同长度输入的哈希过程消耗大约相同的时间且产生固定长度的输出,即使输入仅相差一个字节也会产生显著不同的输出值。数据的哈希值可以检验数据的完整性,一般用于快速查找和加密算法。

哈希算法广泛应用于区块链中,区块链通常不保存原始数据,而是保存该数据的哈希值,Merkle树中的节点信息是两次SHA256哈希运算得到的。

6. Merkle 树

Merkle树是由Ralph Merkle发明的一种基于数据哈希构建的树,其数据结构是一棵树,一般为二叉树,也可以为多叉树;其叶子节点是数据块的哈希值;非叶子节点是其所有子节点的哈希值。Merkle树是区块链的重要数据结构,其作用是快速归纳和校验区块数据的存在性和完整性。

7. 非对称加密技术

非对称加密是为满足安全性需求和所有权验证需求而集成到区块链中的加密技术,非对称加密需要密钥对即公钥和私钥成对出现。公钥公开、私钥保密,私钥加密的信息只有对应的公钥才能解开,公钥加密的信息只有对应的私钥才能解密,即公钥加密,私钥解密;私钥签名,公钥验证。

5.1.4 区块链的区块

区块链中的"块"和"链"都是用来描述其数据结构特征的词汇。在区块链系统中,交易被组织成块,然后被组织成逻辑上的链。从数据视角看,区块链是一种把数据区块按时间顺序连接组成的链式数据结构。区块是一个结构数据单元,它包含两个部分:区块头和区块体。区块链的区块结构如图5-2所示。区块头保存着各种用于连接上一个区块的信息、各种用来验证区块的信息及时间戳等信息,"版本号(Version)"是用于监测软件/协议更新的版本号,"前一区块(Previous Block)"是父区块的哈希值,"时间戳(Timestamp)"是该区块创建的近似时间,"随机数(Nounce)"是该区块用于工作量证明算法的随机数,"目标哈希(Bits)"是该区块工作量证明算法的难度目标,"Merkle根(Merkle Root)"是区块中所有交易构成的 Merkle 树根的哈希值;区块体包含了该区块中的所有交易信息,交易数量用于声明区块体中具体的交易个数,交易被组织成为 Merkle 树结构,交易均被存储在 Merkle 树的叶子节点上,通过两两合并哈希值直至得到根节点。

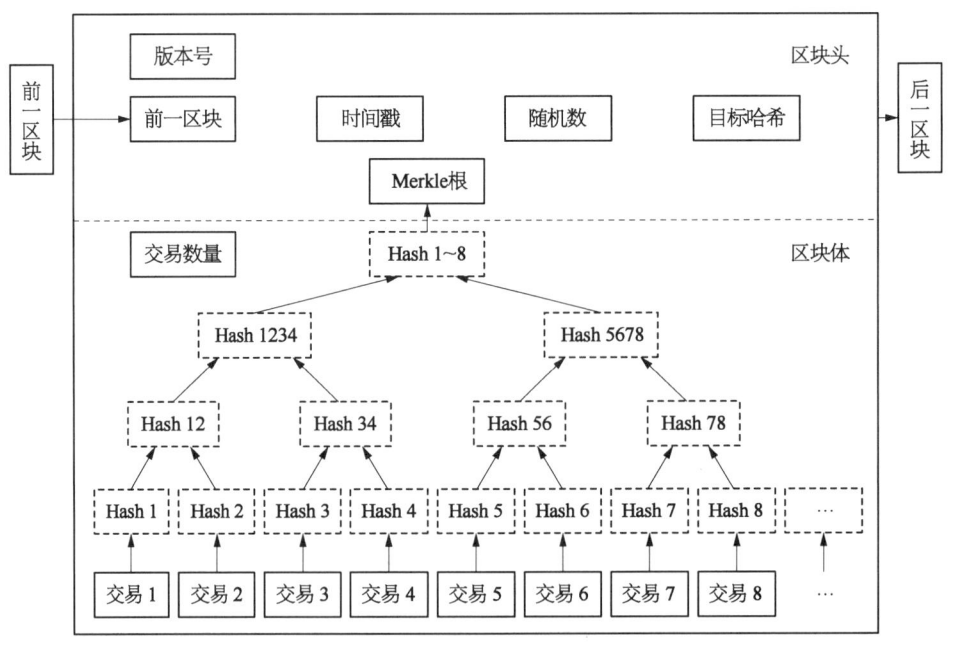

图5-2 区块链的区块结构

创世区块即区块链系统中的第一个区块。从创世区块开始,所有区块逐个顺接串联起来就形成了区块链。图5-3是一个由3个比特币区块连接起来的链。

5.1.5 区块链的工作流程

区块链主要工作流程分为新交易创建、P2P网络传播、工作量证明、全网验证和交易写入账本这五个步骤:

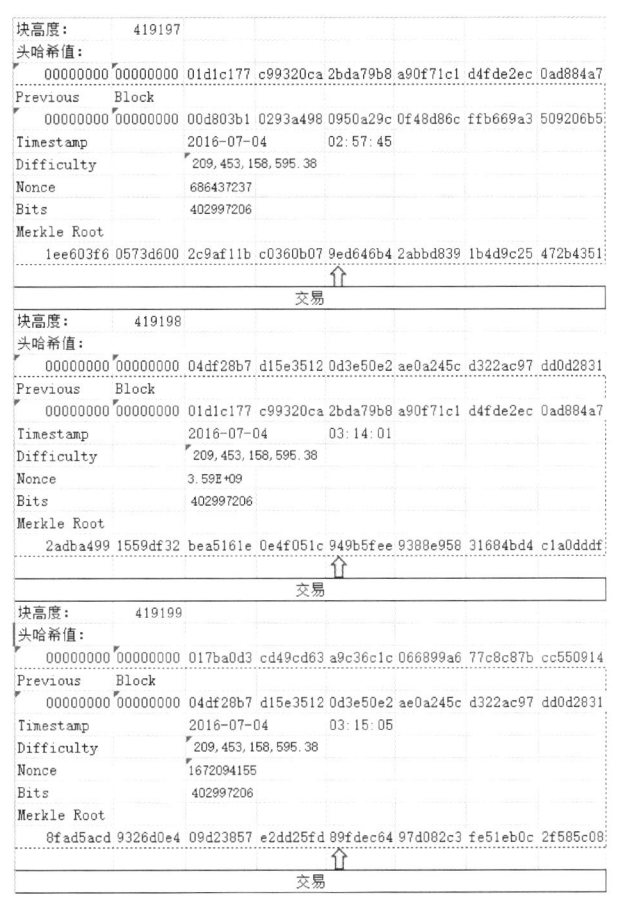

图 5-3　3 个比特币区块连接起来的链

① 节点构造新的交易,并将新的交易向全网进行广播。

② 接收节点对收到的交易进行检验,判断交易是否合法,若合法,则将交易纳入一个新区块中。

③ 全网所有矿工节点(网络中具有对交易打包和验证能力的节点)对上述区块执行共识算法,选取打包节点。

④ 该打包节点通过共识算法将其打包的新区块进行全网广播。

⑤ 其他节点通过校验打包节点的区块,经过数次确认后,将该区块追加到区块链中。

5.1.6　区块链的特性

区块链具有的去中心化、数据透明、交易可溯源、集体维护、安全可信和合约自治等特性保证了交易活动可以在任何时间和任何地点进行,突破了传统交易在时空上的限制,同时也为交易双方创造了更多的交易机会。

整个系统没有中心化的硬件设备或者管理机构,任意节点之间的权利和义务都是均等的,且任一节点的损坏或者退出均不会影响整个系统的运作。

区块链技术基础是开源的,除了交易各方的私有信息被加密外,区块链的数据对所有人开放,任何人都可以通过公开的接口查询区块链数据和开发相关应用,数据内容和系统的运作规则公开透明。

区块链利用时间戳、共识机制等技术手段实现了数据的不可篡改和追本溯源等功能,区块链采用带有时间戳的链式区块结构存储数据,从而为数据增加了时间维度,具有极强的可验证性和可追溯性,给跨机构溯源体系的建立提供了技术支撑。

区块链的任何节点都可参与系统维护,每一个节点在参与记录的同时也验证其他节点记录结果的正确性,每个节点都能获得一份完整数据库的副本(区块链)。

区块链技术采用非对称密码学原理对数据进行加密,同时借助共识算法形成的强大算力来抵御外部攻击、保证区块链数据不可篡改和不可伪造,具有较高的安全性。

预先定义的业务逻辑使节点可以基于高可信的账本数据实现自治,在人—人、人—机、机—机交互间自动化执行业务。

5.2 区块链发展

5.2.1 区块链演进路径

美国学者 Melanie Swan 在其著作《区块链：新经济蓝图及导读》中将区块链技术带来的对各个应用领域的颠覆影响分为三个时代：区块链 1.0(可编程货币,2009—2014年)、区块链 2.0(可编程金融,2014—2017 年)和区块链 3.0(可编程社会,2017 年至今)。

① 区块链 1.0 时代主要是数字货币时代,以比特币应用为代表,是加密货币的应用。去中心化的数字支付系统的构建实现了快捷的货币交易、跨国支付等多样化的金融服务。

② 区块链 2.0 时代主要是智能合约的应用,典型代表有以太坊(Ethereum)和超级账本(Hyperledger)。区块链应用扩展到金融领域,是智能资产、智能合约市场的去中心化,可做货币之外的数字资产转移。

以太坊是第一个也是目前全球最活跃的区块链 2.0 公有链。以太坊是一个编程平台,它提供了各种模板,用户只需要把以太坊提供的各种模板链接到一起就能搭建自己的应用。因此,在以太坊上创建应用的成本大大减少、速度大大提高,这也造就了以太坊成为区块链中最好的项目之一。

Hyperledger 是 Linux 基金会于 2015 年发起的旨在推进区块链技术发展的开源项目。它领导全球各行业,包括金融、物联网、供应链、制造及技术领域等,在区块链技术上进行合作,建立一个开放平台,以满足来自各行各业的不同需求,并简化业务流程。

③ 区块链 3.0 时代主要是区块链的全面应用时代,区块链技术以去中心化的方式配置全球资源。目前,医疗健康、IP 版权、教育、文化娱乐、通信、慈善公益、社会管理、共享经济和物联网等领域都在实践区块链应用项目,"区块链＋"正在成为现实。

5.2.2 区块链发展概况

随着比特币为代表的数字货币的崛起,多国政府部门、金融机构及互联网巨头公司对其底层技术区块链的关注持续升温,诸多国家认识到区块链技术巨大的应用前景,开始从国家层面思考区块链的发展道路,我国也启动了相关的研究和实践。

1. 国外发展概况

2013年8月,德国宣布承认比特币的合法地位,并纳入国家监管体系。德国银行业协会认为区块链技术可能会对金融市场产生重大影响。2016年,德国联邦金融监管局对分布式分类账的潜在应用价值进行了探索,包括在跨境支付中的使用、银行之间转账和交易数据的储存。

2013年12月,世界上首个比特币ATM机在温哥华投入使用,用户在ATM上存入的加元可兑换为比特币被转入网络上的比特币账户,也可以从自己的比特币账户中直接兑换出加元。2016年6月,加拿大央行展示了利用区块链技术开发的电子版加元CAD-coin。

2015年1月26日,纽交所入股的Coinbase获批成立比特币交易所,美国以纽约州为代表的比特币监管立法进程初步完成。2015年6月,纽约金融服务部门发布了最终版本的数字货币公司监管框架BitLicense,美国司法部、美国证券交易所、美国商品期货交易委员会和美国国土安全部等多个监管机构从各自的监管领域表明了对区块链技术发展的支持态度。

英国政府2016年1月发布关于区块链的研究报告《区块链:分布式账本技术》,建议将区块链列入英国国家战略,并推广应用于金融、能源等领域。同年6月,英国政府进行了区块链试点,跟踪福利基金的分配及使用情况。

2. 国内发展概况

2016年12月,《"十三五"国家信息化规划》将区块链列入国家信息化规划,将其定为战略性前沿技术,标志着我国开始推动区块链技术和应用发展。据《知识经济》不完全统计,截至2019年12月,国家层面已出台20余项政策,旨在推动区块链标准建立和应用落地,政策的制定方包括国务院、工信部、商务部、邮政局、央行、教育部和国家互联网信息办公室等。

据"2019年全球区块链企业发明专利排行榜(TOP100)"公布,截至2019年10月25日,全球区块链技术发明专利申请数量前十名中7名来自中国,其中阿里巴巴以1 005件排名第一。在国家网信办发布的两批区块链信息服务备案名单中,阿里系备案了3个产品,分别是蚂蚁金服旗下蚂蚁区块链BaaS平台、阿里云旗下阿里云区块链服务和恒生电子的恒生共享账本HSL。

5.3 区块链典型应用

自2009年1月,中本聪开发出首个实现比特币算法的客户端程序,比特币正式宣告它的诞生以来,区块链的应用已从单一的数字货币应用延伸到经济社会的各个领域,主要包括金融服务、供应链管理、文化娱乐和教育就业等。目前较成熟的应用场景是金融服务，其他行业也开展了对区块链技术应用的探索与实践。

5.3.1 区块链＋金融服务

1. 数字货币

区块链技术作为数字货币的背后支撑，已经引起了金融巨头们的高度重视，包括花旗银行、摩根大通、高盛、纽约梅隆银行、汇丰银行和巴克莱银行在内的众多金融巨头，均与区块链公司取得合作，研究区块链技术在金融界的应用。2016年，摩根大通、巴克莱银行等几十家全球知名银行加入R3区块链联盟，探索和研究区块链在银行业的应用场景。2019年2月，摩根大通发布用于机构间清算的加密数字货币摩根币；2019年3月，IBM宣布跨境支付区块链World Wire正式投入实际生产运营；2019年6月12日，Visa宣布推出跨境支付区块链网络B2BConnect。2019年7月18日，Facebook发布Libra项目白皮书，旨在基于开源的区块链技术，建立一套简单的、无国界的非主权国家货币体系，并打造为全球数十亿人服务的金融基础设施；与此同时，各国政府开始考虑发行自己的央行数字货币。

2014年，中国人民银行启动了行数字货币的研发。中国央行数字货币也叫"数字货币电子支付"（Digital Currency Electronic Payment，DCEP），是一种基于区块链技术的全新加密电子货币体系。国外一些较典型的项目包括瑞典的电子克朗、日央行和欧央行联合开展的Stella项目、加拿大央行的Jasper项目、荷兰央行的DNBcoin和英国的RSCoin等。

2. 供应链金融

由中国信息通信研究院、腾讯金融科技、深圳前海联易融金融服务有限公司组织编写的《区块链与供应链金融白皮书》指出，以区块链技术为底层的供应链金融解决方案能释放核心企业信用到整个供应链条的多级供应商，提升全链条的融资效率，降低业务成本，丰富金融机构的业务场景，从而提高整个供应链上的资金运转效率。

2019年8月，蚂蚁金服和成都银行合作，用区块链技术改造传统的供应链金融，开创了"双链通"模式，这一模式已在成都率先跑通。在该创新模式下，银行能够通览供应链上的信息，知道订单最终供应到哪家大型企业的产品线，知道借的钱将流向主营业务的正常供给，也知道对方具备偿还能力，贷款风险变得更加可控。

2020年2月，北京市政府明确提出了要建设基于区块链的供应链债权债务平台，为参与政府采购和国企采购的中小微企业提供确权融资服务。之后，北京金控集团联合海淀区政府、微芯研究院等单位，推出了基于区块链的供应链债权债务平台。据《人民日报》报道，2月14日该平台完成了上线后的首笔确权和贷款，帮助一家支援抗击新冠肺炎疫情和保障学校远程教育的公司获得72万元贷款额度，并获得44万元首笔贷款。

区块链在资产管理（股权、债券、票据、收益凭证和仓单等资产）、用户身份识别等领域均能成为金融机构的一大利器，如人民银行在此方面已做了一些探索，将区块链技术运用于票据交易平台等。区块链将借助其透明、可信的特点，实现真正的普惠金融。

5.3.2 区块链+行业创新

1. 医疗行业数据隐私保护与共享成为区块链应用的重要领域

医疗行业的数据大多涉及个人隐私,私密性极强。IBM商业价值研究院指出,区块链技术会在临床试验记录、监管合规性和医疗/健康监控记录领域发挥巨大价值,在健康管理、医疗设备数据记录、药物治疗、计费和理赔、不良事件安全性、医疗资产管理和医疗合同管理等方面发挥专长。美国的卫生保健提供商、患者和政策制定者正在寻找基于区块链的可移植和安全的方法,以数字化存储医疗记录,以实现创建个人一生的一站式医疗记录。区块链技术提供商Gem正在与医疗保健业的多家公司展开合作,Gem开发的共享账本和数据安全平台正在将病例从原型过渡到生产阶段。

2. 数字版权保护领域的应用

区块链技术通过分布式账本技术对数字版权的归属进行全网公布并达成共识,同时通过时间戳技术保证版权的唯一性和不可伪造性,从而解决数字版权登记、确权、维权难的问题。国内外诸多企业将区块链技术应用数字版权保护,包括Monegraph、Colu、Binded、Singular DTV,以及国内的亿书、纸贵和原本等团队。百度和北京奇虎科技有限公司在区块链数字内容版权保护已积极展开布局。

3. 供应链领域的应用

沃尔玛为解决追踪水果、牛排和蛋糕沙门氏菌爆发的源头问题,使用区块链进行产品溯源和追踪后,效率得到了很大的改善,对商品的溯源时间缩短到2 s。2016年5月,中物联大宗分会"交易商互联网开户登记平台""电子注册仓单登记公示平台"项目正式启动,将区块链技术应用于物流平台方面,借助区块链技术的"多副本共同记账"特性,解决大宗商品交易中面临的交易环节透明度不足和仓储物流环节信息不准确两大障碍。

4. 智能制造领域的应用

飞利浦等全球领先制造企业开始布局区块链。飞机制造巨头空客宣布加入Hyperledger区块链项目,基于区块链来分析供应商和其他组件的源头,利用上链数据帮助空客减少飞机零部件修复的时间和费用。

5. 清洁能源领域的应用

随着清洁能源的迅速发展、"互联网+"的大力推广及智能电网技术的逐渐成熟,区块链对能源实现数字化、精准化管理,对于重构能源交易潜力巨大。美国的能源公司LO3 Energy与比特币开发公司Consensus Systems合作,在纽约BoerumHill、Park Slope、Gowanus社区建立基于区块链系统的可交互电网平台TransActive Grid,平台上的光伏发电者和电力消费者不依赖于任何电力公司,通过区块链系统彼此进行交易,并以区块链虚拟货币来结算,不需要第三方监管。

5.3.3 区块链+港口航运

近年来,全球主要港航企业在船舶注册登记、单证流程优化、货物追踪和航运保险等领域开展区块链技术应用。区块链中的分布式账本、智能合约和实时共识机制等技术的应用能完善港航供应链网络，助力航运保险业，推动传统港航业高质量发展。

1. 船舶登记应用

船舶登记整个过程往往存在跨越边境和时区的问题，过程复杂耗时。2017年5月，丹麦海事局启动了区块链船舶登记这一试验项目，该项目也是丹麦政府推动数字化增长的重要部分，旨在保持丹麦在海事领域的地位。2018年9月，英国劳氏船级社（LR）与英国区块链公司 Applied Blockchain 合作，为船舶登记建立了一个区块链平台，旨在减少船舶注册所需的时间，提高船舶注册的效率，并探索将新技术扩展到海运供应链业务上，为其他利益相关者提供更多价值。

2. 港航 EDI 应用

航运进出口贸易涉及销售、采购、贸易商、承运人、口岸部门、港口和仓储等多个主体，围绕货物提单组织贸易、关检、运输等一系列供应链信息，包括多达数十种的业务单证。为实现主体间无纸化的电子数据交换和单一窗口服务，货代、船公司、港口、客户及海关等在其各自的应用系统之间采用 EDI 技术。各主体通常订立不同的数据交换格式和标准，中心化服务系统使得航运数据标准不统一、数据交换格式纷繁复杂，在数据安全、信息泄露方面暴露出诸多问题。

区块链去中心化的特点可以打破传统 EDI 中心的核心地位，供应链上的相关主体成为 P2P 数据网络上的平等节点。区块链可追溯的特点使货主、海关、承运人和保险公司都可以追溯可靠的电子证据，明确界定各方承担的责任，提高付款、交收和理赔的处理效率。2015年，以色列的初创企业 Wave 开始运用区块链技术解决 EDI 数据标准不统一和缺乏信任的问题，让所有的支付或文件都必须经过各方同意，从而建立信息互信，消除所有安全和数据顾虑，提高效率。2016年11月初，由鹿特丹港与荷兰国家应用科学研究院、荷兰银行、代尔夫特理工大学和德斯海姆应用科学大学鲜花交易中心共同搭建了世界首个针对物流领域的区块链物流研究联盟，运用区块链技术优化非洲肯尼亚到荷兰鹿特丹的玫瑰花运输信息管理，将与集装箱海运相关的单证工作转移到智能合约系统中完成，推动单证流程优化。

3. 航运网络优化应用

全球贸易中有 80% 的商品是通过港口海运方式完成运输的，区块链的不可篡改性和分布式存储技术有助于建立高度安全且透明的海运供应链共享网络，每个参与者根据权限级别查看货物在供应链中的进度，了解集装箱运输到何处，供应链管理的所有参与者能够实时、安全无缝的交换运输信息。

2018年，马士基航运公司与 IBM 开始区块链技术应用合作，共同开发了 TradeLens 区块链运输解决方案，通过建立单一共享的保护交易细节、隐私或机密性的交易视图，TradeLens 成员在其全球运输货物的过程中可以实时访问运输数据和运输单证文件，包括物联网和传感器数据（温度控制、集装箱重量等），使托运人、航运公司、货代、港口及码头运营商、内陆运输承运人和海关能更有效地进行数据交互。截至2019年年底，TradeLens 平台上已有100多个参与方，已经记录了超过1 000万次航运事件，并每周处理成千上万的单证文件。

2018年，迪拜环球港务集团、和记港口集团、PSA 国际港务集团、上港集团、法国达飞集团、中远海运集运、长荣海运、东方海外、阳明海运及软件解决方案提供商 CargoSmart 共同签署意向书,就打造航运业区块链联盟(Global Shipping Business Network,GSBN)达成合作意向。2019 年 12 月,上港集团、中远海运集运借助 GSBN,实现了船公司系统、码头系统和区块链平台之间的数据流互通和流程的协作互信,客户可在链上一次完成贯穿船公司和港口方的操作流程,实现进口放货全流程的无纸化,保障了客户进口业务的零延时。

4. 航运金融保险服务应用

2018 年,丹麦 Block shipping 公司推出的全球共享集装箱平台(Global Shared Container Platform,GSCP),通过区块链代币的形式实现交易结算与清算。

海运保险因其往往涉及跨国业务,各类文件和复印件繁多、交易量大,目前的海运保险操作流程太过繁琐冗长,对账困难。2018 年,国际会计与咨询公司安永与 Guardtime 合作的全球首个航运保险区块链平台正式投入商业用途,共同参与平台创建的还有全球航运巨头马士基、微软、美国保险标准协会、MS 阿姆林保险和信利保险等,航运保险生态系统中的各方使用分布式账簿技术,记录发货信息,并自动进行保险交易。

全球的区块链发展在共识机制、分布式存储、数据库和安全性等方面仍存在技术难关。例如,目前的区块链共识机制仍存在损耗过大的问题,成本高、种类少,难以匹配多样化的应用场景;区块容量小导致目前的区块链网络拥堵,暂时还难以满足理想化的高强度、高频次业务需求。区块链技术作为当下最热门的技术之一,有待人们投入更多的时间与精力进行学习和研究。

第6章

智慧港口与人工智能

人工智能(Artificial Intelligence，AI)作为一门近年来大热的新兴学科，其概念早在几十年前就已经被提出。算力资源、大数据、新兴人工智能方法是近10年人工智能蓬勃发展的主要助推力。专用弱人工智能得到长足的进步与发展，在一些领域的表现达到甚至超过人类水平，但仍存在许多专业领域和场景的人工智能研究尚处于起步阶段。因此，在未来很长一段时间内专业领域场景下人工智能的研发仍将是人工智能领域的研究重点。强人工智能的研究仍尚处于起步阶段。从目前研究现状来看，虽然有着不少积极的研究尝试，但是在没有更加突破性方法的情况下，强人工智能还有很长一段路要走。即便如此，每一项弱人工智能的研究都是在为强人工智能的诞生奠定基础。在港口领域，目前已有相关企业在其部分核心业务场景上使用人工智能技术，包括智能收箱、智能配载和智能船控等，并且取得了一定成效。毫无疑问，进一步加大投入港口领域各种专用人工智能的研发是实现智慧港口的必要途径。

6.1 人工智能概述

6.1.1 人工智能基本概念

1956年夏天，约翰·麦卡锡等人在美国达特茅斯学院开会研讨"如何用机器模拟人的智能"，会议提出"人工智能"这一概念，标志着人工智能学科的诞生。人工智能发展至今出现过形形色色的定义，这些定义概括起来主要包含以下四个维度(图6-1)。

由图6-1可知，四宫格的上层两大维度关注思维，下层两大维度关注行为，左侧两大维度关注与人类表现的逼真程度，右侧两大维度关注合理性。以上四种维度均有不同学者开展相关研究。在研究初期，科研工作者们更加关注如何模拟人脑工作行为，而随着研究的深入，更多的学者认为研究智能的基本原理比复制样本更重要。就好比

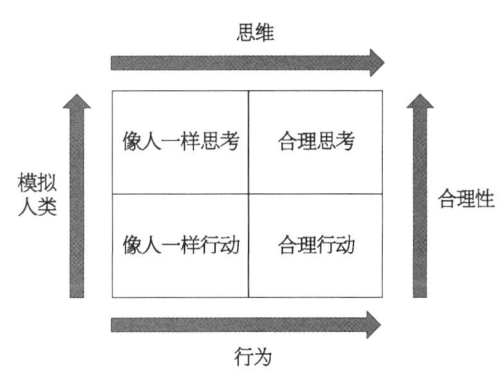

图6-1 人工智能研究四大维度

当人们不再尝试模仿鸟类并开始了解空气动力学、开始使用风洞时，才让"人类飞行"这一梦想获得了成功。航空工程的教材也不会把其领域的目标定义为能够完全像鸟类一样飞行以欺骗其他真的鸟类。因此，关于人工智能的研究也逐渐从模拟人脑运作机理转向了从其基本原理进行扩展以做出更合理的思考、决策与行为。

综上所述，目前关于人工智能被普遍接受的定义为：人工智能是研究、开发用于模拟、延伸和扩展人类智能的理论、方法、技术及应用系统的一门新技术科学。

6.1.2 人工智能领域

目前关于人工智能的研究包含三大领域：智能感知、智能决策、智能控制。这三者相辅相成，大规模人工智能系统通常由这三者共同构成。

1. 智能感知

智能感知是指通过各种传感器获取并理解信息的能力。智能感知包含两个层面，首先是信息获取，人类具有丰富的感觉器官，能通过视觉、听觉、味觉、触觉和嗅觉来感受外界刺激来获取环境信息，机械设备同样可以通过各种传感器来获取周围的环境信息；其次是信息融合与理解，通过将不同传感器获取的信息进行有效融合并通过智能算法加以理解和推断融合信息。

2. 智能决策

智能决策是指针对决策问题明确决策目标及约束条件，对复杂计划、调度等问题快速做出合理决策。智能决策包含三个层面，首先是知识表示与存储，提炼历史数据及已有经验抽象转合成"知识"进行存储；其次是规划决策，通过智能算法利用所存储的知识进行规划与决策；最后是学习能力，对决策结果进行评估，并提炼出新信息与知识以持续优化决策智能体。

3. 智能控制

智能控制是指设备自主识别确定作业对象、作业目的，并精确、安全、高效、自动完成作业任务。通常智能控制都需要与智能感知相结合，利用智能感知获取的外部信息及其理解结果来决策并控制设备做出合理的行动。

6.1.3 人工智能分类

1. 弱人工智能

弱人工智能，也被称为狭隘人工智能（Narrow AI）或专用人工智能（Applied AI），指的是只能完成某一项特定任务或者解决某一特定问题的人工智能。弱人工智能并不是指其解决问题的能力弱，而是其通用性弱，只能用于解决某个特定领域的问题。比如AlphaGo能够精通围棋博弈但却不会下五子棋。

目前，主流科研集中在弱人工智能上，并且一般认为这一研究领域已经取得可观的成就。

2. 强人工智能

强人工智能，又被称为通用人工智能（Artificial General Intelligence，AGI）或全人工智能（Full AI），指的是可以像人一样胜任任何智力性任务的智能机器。这样的人工智能是一部分人工智能领域研究的最终目标，并且也作为一个经久不衰的话题出现在许多科幻作品中。

对于强人工智能所需要拥有的智力水平并没有准确的定义，但人工智能研究人员认为强人工智能需要具备以下几点：

① 思考能力，运用策略去解决问题，并且可以在不确定情况下做出判断。

② 展现出一定的知识量。

③ 计划能力。

④ 学习能力。

⑤ 交流能力。

⑥ 利用自身所有能力达成目的的能力。

与弱人工智能相比,强人工智能的研究则处于停滞不前的状态。

3. 超人工智能

超人工智能(Artificial Super Intelligence,ASI)正是超级智能的一种。哲学家、牛津大学人类未来研究院院长尼克·博斯特罗姆(Nick Bostrom)把超级智能定义为"在几乎所有领域都大大超过人类认知表现的任何智力"。首先,超人工智能能实现与人类智能等同的功能,即可以像人类智能实现生物上的进化一样,对自身进行重编程和改进,这也就是"递归自我改进功能"。其次,博斯特罗姆还提到,"生物神经元的工作峰值速度约为200 Hz,比现代微处理器(约2 GHz)慢了整整7个数量级",同时,"神经元在轴突上120 m/s的传输速度也远远低于计算机比肩光速的通信速度"。这使得超人工智能的思考速度和自我改进速度将远远超过人类,人类作为生物上的生理限制将统统不适用于机器智能。

6.1.4 人工智能方法

人工智能发展至今,科研人员们针对不同的场景与问题提出了许多人工智能方法,不同的方法也有着不同的适用范围,其中较为经典和流行的方法包括但不限于以下几类:

1. 启发式算法(Heuristic Algorithm)

启发式算法是一类基于直观或经验构造的算法,相对于最优化算法提出,通常用于求解复杂组合优化问题。现实生活中遇到的复杂决策大多属于无法在多项式时间内计算出精确解的问题(NP-Hard 或 NP-Complete)。因此,此类问题通常会采用启发式算法求解其有效近似解。

常见的启发式算法包括模拟退火算法(SA)、遗传算法(GA)、蚁群算法(ACO)等,这类算法"启发于"一些生物行为或是生命进化过程的一些现象和规律,因此亦可看作是模拟人类或是生物智能的算法。

2. 深度学习(Deep Learning)

深度学习属于一类机器学习算法,通常适用于解决模式识别问题。其概念源于神经网络,含多个隐藏层的多层感知器就是一种深度学习结构。深度学习通过组合低层特征形成更加抽象的高层表示属性类别或特征,以发现数据的分布式特征表示。研究深度学习的动机在于建立模拟人脑进行分析学习的神经网络,它模仿人脑的机制来解释数据,例如图像、声音和文本等。

深度学习方法之火爆甚至令大多数人产生了人工智能=深度学习的误解。深度学习可以说是现阶段人工智能方法的"领头羊",但是随着研究的深入,深度学习方法的不足之处也逐渐显露出来,如其黑盒模型的可解释性较差、容易受到噪声干扰导致模型失效等。但瑕不掩瑜,目前为止,深度学习仍是人工智能领域最主要的、最有成效的方法之一。

3. 强化学习(Reinforcement Learning)

强化学习也叫作增强学习,属于一类机器学习算法,通常用于机器控制、序贯决策等问题。强化学习是智能体以"试错"的方式进行学习,通过与环境进行交互获得的奖励指导行为,目标是使智能体获得最大的累计奖励回报。强化学习不同于监督学习,主要表现在强化信号上,强化学习中由环境提供的强化信号是对产生动作的好坏做一种评价(通常为标量信号),而不是告诉强化学习系统如何去产生正确的动作。由于外部环境提供的信息很少,因此智能体必须靠自身的经历进行学习。通过这种方式,智能体在行动-评价的环境中获得知识,并优化行动方案以适应环境。因此,强化学习可以称为一种模拟人类学习行为的算法。与此同时,通过与深度学习方法相结合也赋予了强化学习更加强大的学习能力,大名鼎鼎的围棋人工智能 AlphaGo Zero 就是通过强化学习的方式进行自我博弈逐步学习并精通了围棋博弈。

6.2 人工智能发展现状

1. 智能感知领域

2010 年,李飞飞教授基于其创立的图像数据库开展了第一届 ImageNet 大规模图像识别挑战赛。2010—2017 年连续举办 7 届,每年识别准确率的增长令人震惊,从最初的 71.8% 提升至 97.75%。2017 年年底,ImageNet 创始人李飞飞宣布不再举办大赛,理由是在普通场景图像识别领域,人工智能识别准确率远超人类,算法提升空间较小,继续深入比拼意义不大。至此,ImageNet 大赛落下帷幕。

语音识别方面,新一代的人工智能方法也取得了突破性进展。2017 年 3 月,IBM 结合了 LSTM 模型和带有 3 个强声学模型的 WaveNet 语言模型。将错词率降低至 5.5%,略微低于专业速记员 5.1% 错词率的水平。2017 年 8 月,微软通过改进语音识别系统中基于神经网络的听觉和语言模型,将错词率降低为 5.1%,达到人类专业速记员标准。2018 年 6 月,阿里巴巴达摩院推出了新一代语音识别模型 DFSMN,将全球语音识别准确率纪录提高至 96.04%,错词率降低至 3.96%。2018 年 10 月,云从科技发布全新 Pyramidal-FSMN 语音识别模型,将错词率降低至 2.97%,大幅超过专业速记员水准。

2. 智能决策领域

2015 年 Google Deep Mind 团队首次提出了深度强化学习的概念及 Deep Q Learning 算法,该算法以纯图像作为输入采用强化学习和深度神经网络相结合的方式训练人工智能系统,使其能够掌握近 2 600 种雅达利游戏(Atari Games)的游玩技巧并且能够超过顶级人类玩家水准,证明了人工智能系统能够通过自主学习的方式发现简单控制任务的内在策略,并持续不断地操控自身行为以超越人类水准完成这些控制任务的可能性。

2016 年 Google Deep Mind 团队以人类围棋大师的棋局作为学习依据,通过深度学习结合蒙特卡洛树搜索的方式训练的围棋人工智能系统 AlphaGo 以 4∶1 的比分击败李世乭,进一步证明了人工智能系统能够具备学习领域专家经验发现提炼潜在复杂策略的能力。

如果说 AlphaGo 还是借鉴了人类围棋大师的经验,2017 年问世的 AlphaGo Zero 则是完全靠着和自己对弈围棋棋局来不断学习进化的智能体。它在 3 d 内通过自我对抗赛,超过了 AlphaGo 的实力,赢得了 100 场比赛的全胜;21 d 内达到 AlphaGo Master

的水平,并在40 d内超过了所有旧版本。其不依赖任何人工经验,完全通过自主学习的机制来提炼复杂策略的能力与传统人工智能技术相比迈进了一大步。

2019年,Alpha Star研发的人工智能在即时战略(RTS)游戏比拼中向人类顶尖选手发起挑战。RTS游戏决策复杂度远高于围棋,决策空间大小约为围棋博弈决策空间的百万倍,但最终人工智能还是以5∶0的压倒性比分战胜人类。以上种种结果表明人工智能在智能决策领域表现出不可估量的潜能。

3. 智能控制领域

智能控制机器人因其执行任务的精确度高、效率高,在工业制造领域应用尤为广泛。在汽车生产行业中,装配零部件等任务都需要智能机器人的协助,由于是节拍性流水线生产作业,每个工位执行的动作和时间都可以严格把控,因此智能机器人可以在短时间内完成大量机械的装配工作。

相对于上述工业制造领域使用的机器人,还有另一类智能控制机器人是当下研究的热门,即能够执行不确定性动作的机器人。所谓不确定性指的是环境中可交互物体,如开门、开瓶盖等动作。这些行为与汽车制造流水线有着很大的不同,相对于固定的流水线而言,门的位置,门把手的形状、瓶盖形状、瓶盖开启方式都可能各不相同。传统控制方法可针对某个特定的门进行精确建模,但是一旦门的种类变多,机器人则不会变通。针对此类智能控制问题,如今主流的做法是利用深度学习模型强大的泛化能力令机器人可以根据环境自适应调整姿势与动作,并且取得了一定的成果。但是该领域的研究仍处于起步阶段,不确定性动作智能控制的稳定性有待进一步提升(图6-2)。

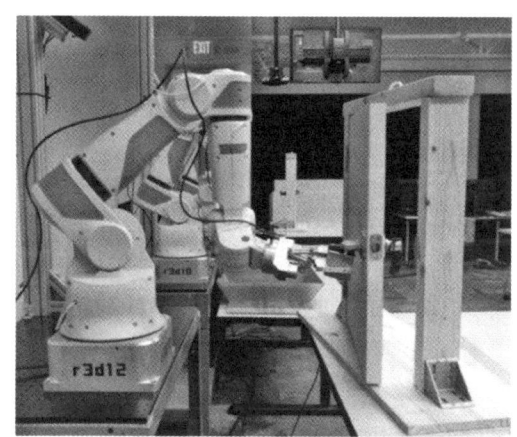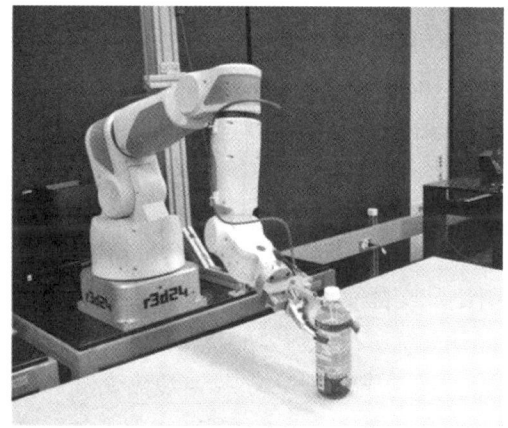

图6-2 不确定性动作智能控制

综上所述,目前专用人工智能的研究取得重要突破。面向特定任务的专用人工智能系统由于任务单一、需求明确、应用边界清晰、领域知识丰富和建模相对简单,形成了人工智能领域的单点突破,在局部智能水平的单项测试中可以超越人类智能。人工智能的近期进展主要集中在专用智能领域,而强人工智能的研究进度缓慢,没有变革性的方法诞生,较难在短期内有所突破。因此,在未来很长一段时间内,人工智能的研究势必仍旧会聚焦于各个专业领域,每一个专用人工智能的创新,都是在给通往强人工智能和超人工智能的道路添砖加瓦。正如人工智能科学家Aaron Saenz所说,现在的专用人工智能就像地球早期软泥中的氨基酸,可能突然之间就形成了生命。

6.3 人工智能在智慧港口中的应用

近年来,在智能制造 2025 的大背景下,国内掀起了一股自动化码头的建设浪潮。与此同时,传统人工码头智能化转型这一趋势也愈演愈烈,这对其日常生产计划、作业调度等各个环节都提出了全新的、更高的要求。而人工智能相关技术与方法已经在港口生产作业的各个环节开展了大量应用。本节将着重讨论智能决策层面在港口领域的应用。智能感知层面的应用案例将在第 7 章单独讨论。

6.3.1 智能收箱

集装箱在码头堆场堆存状态的优劣直接影响码头装卸集提四大作业环节的效率,如何为集装箱选定合适的位置是提升码头作业效率最为核心的问题。因此,实现集装箱码头出口箱智能选位是传统人工码头智能化转型过程中最为关键的技术环节。

目前集装箱码头选位智能化程度尚处于初级阶段,绝大多数的选位系统仅仅是减少了员工工作强度,对码头生产作业效率的提高微乎其微。下一代集装箱码头智能选位系统应当以指导生产作业,提高码头作业效率为主要目标,而合理利用历史数据和配载需求是实现这一目标的关键因素。实现以数据驱动为导向的下一代集装箱码头智能选位系统其意义在于:

1. 提炼历史数据价值,指导选位作业决策

在数据爆炸的时代里,装箱码头智能选位系统可充分利用码头多年积累的历史数据,通过分析提炼海量历史数据挖掘其潜在的客观规律作为先验知识,为智能选位决策提供更为可靠细致的参考依据。

2. 以配载为目的的拉动式收箱策略

与智能配载系统相结合,以配载计划对场地堆存的需求为依据拉动智能选位系统进行决策,为配载计划和装船发箱服务。出口箱智能选位的最终目的是为了配合配载计划和实际发箱作业。因此,配载需求对智能选位决策的指导意义重大,充分利用智能配载系统所积累的大量经验为选位决策提供支持亦是实现合理选位的重要因素。

3. 动态计划模式,提高场地资源利用率

下一代集装箱码头智能选位系统一大优势在于无须人工制定场地策划,所有的选位决策都在集装箱闸口进场的瞬间由系统动态决定。这些决策均由历史数据作为参考,能够在没有场地策划支撑的前提下更精细化地计算其选位规则,同时也避免了场地策划预先占用场地资源这一现象,从而提高场地资源利用率。

4. 细分工艺模式

根据不同航次不同装船工艺模式制定有针对性的选位规则。近年来超大型船舶的不断涌现为码头生产作业带来了更多的挑战,为了更好地为超大型船舶服务,码头运营方也提出了许多新的装卸工艺方案,如边装边卸、舱内逆序配载和清箱集中堆存等。而这些新的装卸工艺都对集装箱堆存提出了新要求。通过细分作业工艺模式,实现可配

置化的收箱选位策略使得选位结果更符合实际装船需求,间接提高装船作业效率。

5. 减轻员工工作强度

智能选位的另一大优势便是免去了人工场地策划、分港分吨和补充失位箱等工作,这些工作受限于人工经验和员工工作状态,通过智能计算的方式将人工经验固化,由计算机自动接管相关工作。而码头员工能够从琐碎繁复的工作中解放出来,有更充裕的时间去发现问题、总结规律,进一步提出优化系统的方案,帮助智能系统选位结果更进一步。

智能收箱采用了以引力场机制为核心的分层多智能体联合决策技术,包括引力源总体规划、引力场覆盖范围预测和引力场强度实时决策。智能收箱引力场分层多智能体联合决策技术总体架构如图 6-3 所示。

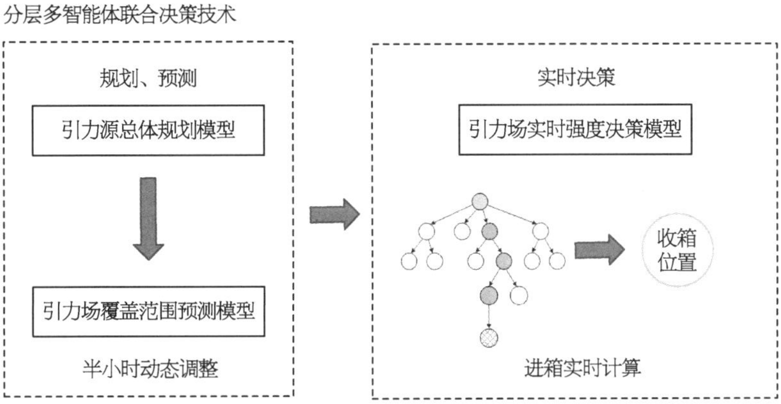

图 6-3 智能收箱引力场分层多智能体联合决策技术总体架构

由图 6-3 可知,智能收箱是一个将规划、预测与实时决策相结合的综合智能系统。其中,引力场机制是智能选位算法的核心机制,该机制决定了场地区域对任意进场目标箱的吸引强弱程度,通过对所有场地位置合理规划引力场区域来实现收箱决策的合理性。引力场机制主要包含以下三个核心智能模块:

(1) 引力源总体规划模型

我们将不同船舶、不同航次、不同箱组、不同重量的集装箱看作一个独立的引力源。引力源总体规划目的就是要保证同类集装箱能够互相吸引,形成集中堆放;异类集装箱需要相互排斥避免后续装船作业的冲突。

(2) 引力场覆盖范围预测模型

当引力源位置确定后就要确定各个引力场的覆盖范围。智能收箱系统结合历史数据,实际进箱数据及预录箱数据构建深度神经网络对引力场的覆盖范围进行预测,以及确定每个引力场合理的覆盖范围。引力场覆盖范围预测的准确性会对场地资源利用率造成较大影响。预测覆盖范围偏大会造成空余场地资源浪费;反之则会造成堆存过于零散,无法形成集中堆存的态势,影响后续装船作业效率。

(3) 引力场实时强度决策模型

当引力源位置和引力场覆盖范围确定后就需要等待集装箱进场时进行最终的收箱

选位决策。由于集装箱收箱的大体位置已经确定,因而具体的收箱位置决策则更加侧重于考虑实时箱区设备资源、场地繁忙程度等资源的使用情况。智能收箱系统通过结合这些实时资源的使用情况及已规划的引力场信息动态构建蒙特卡洛决策树,来决策当前进场集装箱最合适收箱位置。

6.3.2 智能配载

集装箱船舶配载计划作为装船计划中的关键环节,其决策的优化水平很大程度上决定了码头作业过程的效率和成本,目前人工配载决策的瓶颈主要有以下几点:

① 效率低,人工制定装船箱量超过1 500箱的配载计划通常耗时超过3 h。
② 决策优化全局性不高,人工决策很难计算全局优化水平。
③ 决策稳定性不高,完全依赖配载员的个人经验,个体差异可能导致不稳定的配载结果。
④ 从业人员培训成本高,配载员往往需要经过超过半年的培训才能正式上岗。

集装箱码头配载决策过程中所面临的工况是千变万化的,有经验的配载员能够根据预配船图和场地分布准确地判断出当前的配载工况,但这些工况却很难用语言去准确描述。同样在面对不同工况下配载员所采用的配载策略也无法用简单的规则表达。因此需要通过构建深度学习模型来分别抽象配载工况与配载策略,从而解决配载知识与复杂工况的准确提炼与存储这一难题。其中,配载工况网络将不同船舶每个贝位的历史配载数据转换成一个大小恒定的稀疏矩阵并构建配载工况识别深度神经网络。配载工况网络如图6-4所示。

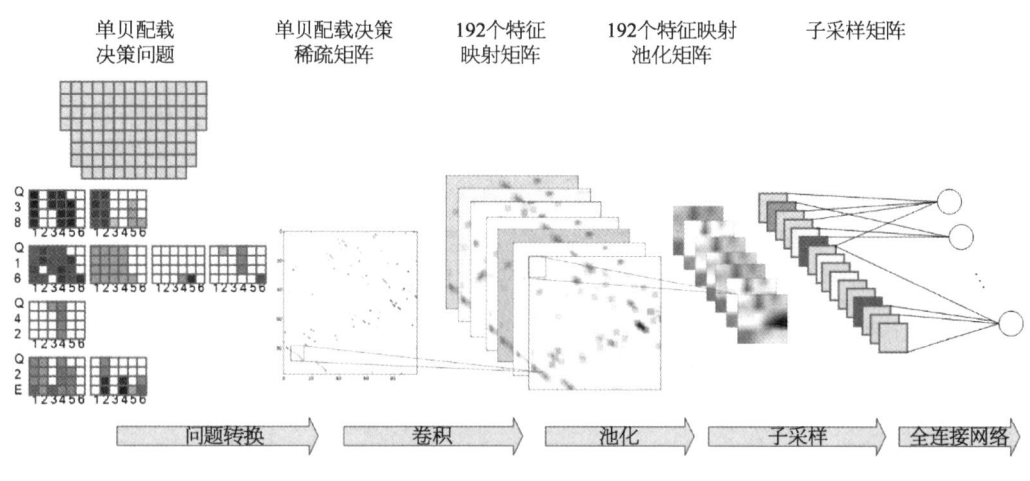

图6-4 配载工况网络

配载策略网络的设计是为了将总结出的基本配载原则作为基本输入并将其抽象化从而形成更加复杂的配载策略。因此配载策略网络以历史配载步骤和配载依据作为输入,采用级联自编码机的形式建立一个全连接的受限玻尔兹曼机,从而构建出配载策略网络(图6-5)。

通过这两大网络训练出的结果为实现智能配载提供了核心决策依据。同时,当现

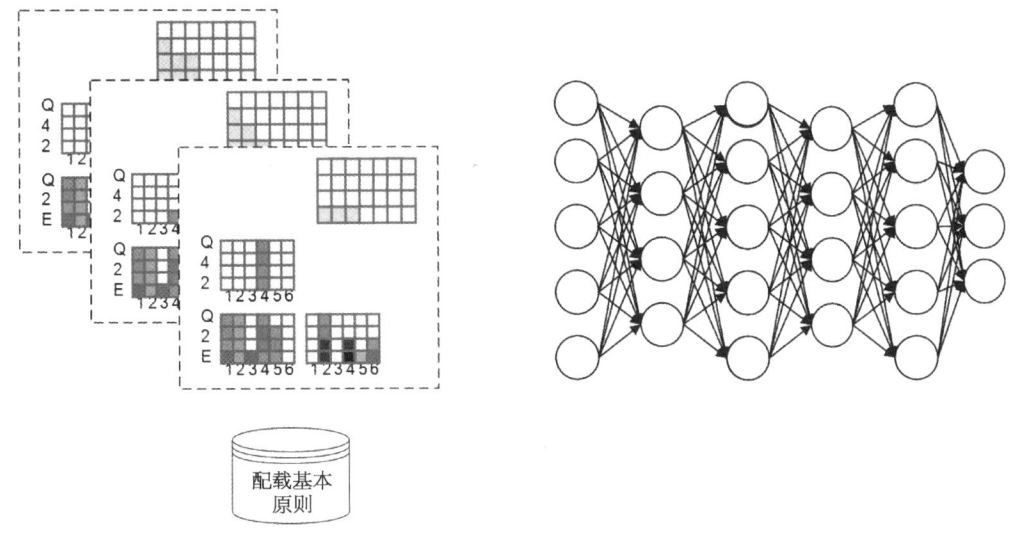

图 6-5 配载策略网络

有知识无法对当前船舶有效决策时,通过人工调整配载结果,并使用调整后的结果对网络进行增强训练,可进一步完善两大配载网络,从而实现智能配载系统的演进。

提出了一种基于工作流引擎的规则调度方法,为复杂工况下的智能配载决策提供了一种合理的知识网络调度方案,攻克了大规模决策过程中解空间指数级增长从而无法实现高效决策这一技术难题,解决了智能配载求解过程中不同工况的剪枝策略组织的关键问题。该引擎通过对当前决策工况进行模式匹配,识别并调度不同规则对当前决策空间进行剪枝,针对某些非简单工况,该引擎可以从知识网络中选择并重构适合当前工况的知识堆栈,优化求解需搜索的状态节点,大幅缩减决策空间。

针对配载问题的传统求解方法主要是智能算法(如遗传算法、禁忌搜索和混合算法)和启发式算法。由于配载问题搜索空间非常大、约束非常复杂,而且不同工况下约束不尽相同,因此传统求解方法有以下局限:

① 约束规则过于复杂,需要针对不同工况设计不同的算法或者启发方法,复用性低。
② 求解空间过大,收敛效率低,求解时间过长,且很难求得满意解。

因此需要一种高效的方法组织决策规则,并通过剪枝缩减搜索空间,提升求解效率和求解效果。

该规则调度方法基于工作流引擎进行设计,有效处理作业流程与求解流程之间的关联关系。求解过程中,根据当前求解节点的特征,通过工作流引擎的历史数据分析和流程分析,匹配相应工况,获取当前节点的约束集,生成当前子搜索节点,并识别所需的求解策略。如果历史工况库中无工况匹配,说明当前节点是新工况,此时工作流引擎根据新工况的特征和业务流程特性分析,获取相应的求解策略。求解策略提取完成后,再根据策略优先级重构知识堆栈,组成针对当前节点的策略集,对各子节点进行搜索。

求解完成后,针对构建的求解树,根据最终选择的最优路径,反向分析策略和剪枝的效果。通过每一步求解过程子节点的实际估值与实际值的差,进行残差学习,修正策略网络的相应参数,并通过工作流分析对修正的知识进行解释。然后对本次求解过程中新增的工况进行工况特征和策略特征更新,以便下次遇到相同工况时可以直接匹配特征求解。工作流引擎运作流程如图 6-6 所示。

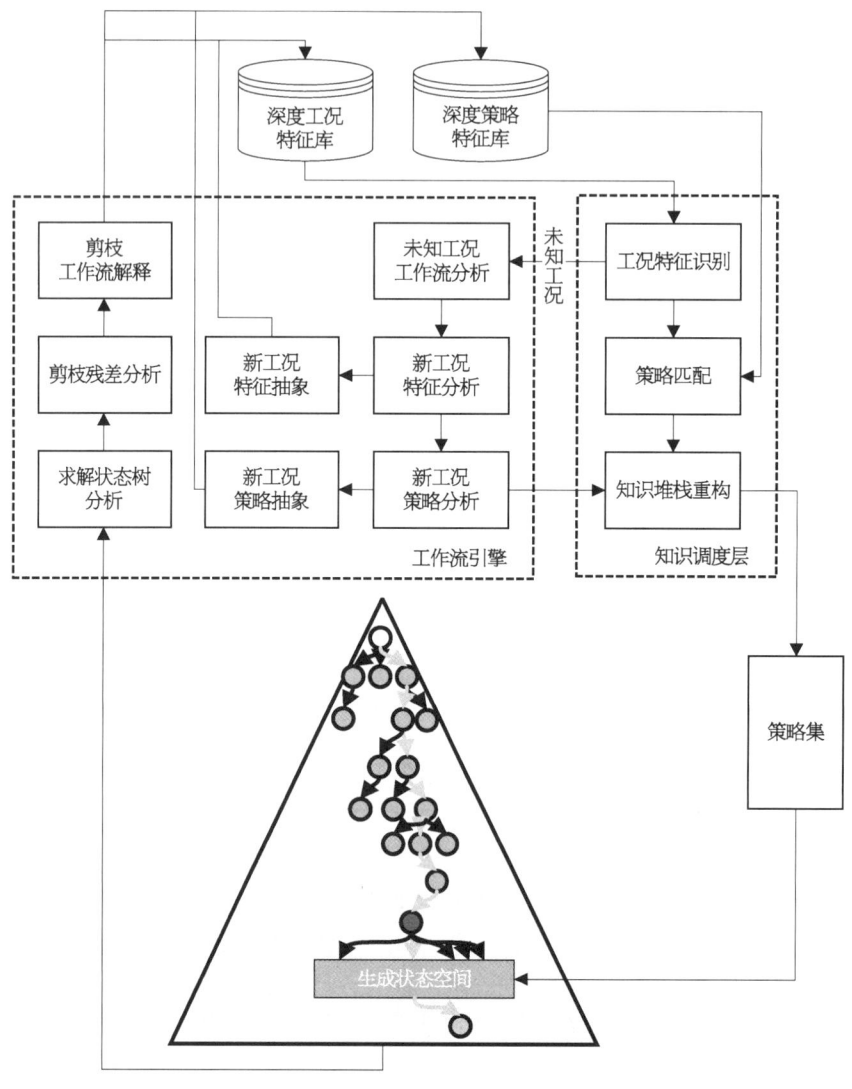

图 6-6 工作流引擎运作流程

多层规则筛的应用,有效解决了配载问题中求解方法面对复杂多分类问题拟合度差、求解效率低的问题,使优化结果达到甚至超过人工配载,将千箱配载决策时间从人工配载的约 3 h 缩减至 5 min 内。

6.3.3 智能船控

装卸船作业是集装箱码头最为重要的业务环节,其装卸船作业指令序列控制的优劣程度直接影响码头整体作业效率,如何合理控制装卸船作业的指令序列是提升码头作业效率最为核心的问题。因此,实现集装箱码头装卸船指令序列智能控制是传统人工码头智能化转型过程中最为关键的技术环节之一。

目前,集装箱码头的装船指令序列控制主要存在以下问题:

① 中控调度员指令序列控制过于依赖于人工经验,不同层级的员工对指令合理性的把控程度差异较大。

② 不同中控调度员决策不同船舶的装船指令,相互之间没有交流容易引发设备调配的不合理从而降低装卸船作业效率。

③ 缺少全岸线作业路作业效率平衡的机制,容易产生作业指令之间相互冲突的现象。

④ 卸船箱选位依赖人工策划,动态性不强,在作业压力较大的情况下经常产生失位箱的情况。

综合判断,目前的指令序列控制模式过于依赖人工经验,且各调度员之前缺少有效的沟通手段,也没有充裕的时间去合理思考调配相关资源从而导致码头整体作业效率无法始终保持在较高的水准。而智能船控系统则旨在通过构建全岸线装船发箱指令序列智能控制系统,从全局的角度出发,根据当前作业情况实时平衡各作业路生产效率,从而提高码头整体的装卸作业效率。实现全岸线装卸船指令序列智能控制系统其意义在于:

① 全岸线指令序列实时动态控制合理安排各作业路发箱点与卸船选位以保障整个码头的装卸船作业效率。下一代集装箱码头出口箱装卸船指令序列智能控制系统一大优势在于能够同时接管整个码头全岸线当前正在作业船舶的所有发箱与卸船指令序列控制决策,能够从更全局的角度出发计算各个作业路在场地里的发箱点与卸船位置,从而保证整个码头装卸船作业的效率。

② 细分工艺模式,根据不同航次不同装卸船工艺模式制定有针对性的指令序列控制规则。近年来超大型船舶的不断涌现为码头生产作业带来了更多的挑战,为了更好地为超大型船舶服务,码头运营方也提出了许多新的装卸工艺方案,如边装边卸等。而这些新的装卸工艺都对装卸船作业指令序列控制提出了新要求。通过细分作业工艺模式,实现可配置化的指令控制规则筛以保证不同工艺模式下的集装箱码头装卸船作业效率。

③ 自动控制全场发箱点、自动识别当前作业重点路、自动进行卸船箱动态指令控制与选位控制、自动平衡全岸线作业效率,减轻员工工作强度。指令序列智能控制的另一大优势是免去了许多受限于人工经验和员工工作状态的繁复工作,通过智能计算的方式将人工经验固化,由计算机自动接管相关工作。而码头员工能够从琐碎繁复的工作中解放出来,有更充裕的时间去发现问题,总结规律,进一步提出优化系统的方案,帮助优化智能系统的决策结果。

智能船控采用了分层多智能体联合决策技术,形成发箱作业指令动态短计划加动态发箱作业指令决策的两级决策结构,每一层进行多智能体融合计算,以在分解大规模复杂规划问题的基础上实现快速求解。其中,动态短计划是每隔一段时间根据当前任务执行和场地设备情况,对每个作业路的单贝内的作业箱进行分类聚合,分解获得当前作业的短期范围,后续的指令调度在短计划范围内进行,提高指令决策的计算效率;动态发箱作业指令决策根据短计划提供的短期作业范围,按照当前作业路的作业进度要求决策具体的指令激活顺序。根据分层多智能体联合决策的逻辑结构,智能船控的核心为以下两个模型:

1. 动态短计划模型

动态短计划模型根据当前待作业的任务的场地分布情况及设备位置和状态,由主箱区计算网络计算获得当前的可装箱区的优先顺序,从而在避免作业路间相互冲突的情况下获得当前作业的主要箱区和辅助箱区,以及在减少作业路间相互干扰的前提下优化各作业路的作业效率;然后根据箱区内待发集装箱的分布,由取箱点计算网络确定主、辅箱区内的具体取箱贝位与短计划数量,获得当前的动态短计划。

2. 动态指令决策模型

动态指令决策模型根据当前设备与指令的实时情况,获得当前短计划下的状态空间转移树结构。在短计划状态空间转移树中应用动态指令网络结合蒙特卡洛树搜索算法,在考虑包括舱内舱面的作业规程安全性要求、场地设备状态与场地交通状况等约束,优化翻箱、设备移动与岸桥利用率,决策最终的动态指令顺序,以提高装船作业效率、降低作业成本。

通过分层多智能体联合船控决策,实现了高效稳定的智能装船调度,有效缓解了大型集装箱码头装卸船作业过程中调度员的工作压力,同时进一步提升了集装箱码头的装卸效率,降低了作业成本。

第7章

智慧港口与机器视觉

在现代工业生产体系中,存在着大量的零件检验、识别及流程监控等工序,传统上这类高重复性的工序需要占用大量劳动力工时,同时效率并不高。随着20世纪末计算机技术与传感器技术的高速发展,人们开始尝试用计算机来代替人工处理和识别图像,机器视觉技术便在这一背景下诞生。根据美国制造工程协会(Society of Manufacturing Engineers,SME)机器视觉分会和美国机器人工业协会(Robotic Industries Association,RIA)给出的定义:机器视觉是通过光学传感器和非接触式的传感器,自动获取和解释一个真实情景的图像,以获取控制机器或过程所需信息的装置。

7.1 机器视觉概述

经过多年的发展,机器视觉技术已经获得了大量的应用,形成了一个特定的专业领域,同时其概念和应用领域也在不断扩展。现在,机器视觉技术已经不局限于传统的图像识别,在图像增强、空间定位等领域也得到了大量的应用。

用机器视觉代替人工视觉的好处是显而易见的:

① 培养一个合格的操作工需要企业花费大量人力、物力,操作员在长时间工作时也容易疲惫,使得检测效率低下且准确性降低,机器视觉只需要最初的硬件和算法投入,长时间工作也可以保证高效率和高精确性。

② 随着工业技术的不断提高,人的肉眼已经越来越难以从外观上检测产品的合格与否,而机器视觉可以使用多种检测手段及高精度的传感器,实现对微小特征的快速检测。

③ 机器视觉技术的检测是一种间接检测,不需要专门设置人工检测点,这使得检测装置可以很大程度上摆脱空间限制,在狭小空间或者工人难以到达的危险场所进行工作,检测区设置上更加自由。

7.1.1 摄像机视觉技术

典型的机器视觉系统有图像采集系统和图像处理系统两大部分。

1. 图像采集系统

图像采集系统的功能是将被测物体的图像和特征转化为计算机处理的数据,这类系统一般包含光源、光学部件、相机三部分。

(1) 光源

光源和光学部件因素通常容易被忽视,但这两部分对于整个采集系统的作用是不可忽视的。光源用于影响视觉系统的输入,如对目标打光可以增强目标跟背景的对比度,突出特征区域,一些通常光照下难以检测到的特征在这种情况下能够轻松地识别出来。在光源选择上结合相减色原理,通过加装滤光片和选择不同颜色的光源,可以有效突出特征区域。

(2) 光学部件

光学部件一般是指镜头,镜头可以对入射光线做一些前期处理,比如在一些需要计算目标参数的机器视觉领域中,镜头的焦距需要根据物距和成像大小、系统感光元件的尺寸做优化选择，而在一些涉及特定波长的光波采集应用中，还需要给镜头加装对应的滤光片。

（3）相机

相机是把光学图像转换成电信号的装置，按芯片类型分有 CCD 和 CMOS 相机；按接口类型分有 GigE、USB、Camera Link 相机等；按成像光谱分有彩色、灰度、不可见光等；按成像方式分有线阵、面阵等。图像采集系统应根据不同的对象和环境选择对应的相机。

2. 图像处理系统

图像处理系统由硬件和图像处理软件组成。

机器视觉系统的硬件架构大体分为基于 PC 和基于嵌入式系统两种方式。基于 PC 的图像处理系统与图像采集系统部分是分离的，通常使用高性能工控机来调试和实现，可以达到理想的精度及速度，实现较为复杂的功能，但缺点是开发周期长，整个系统结构复杂不适合复制，适合作为图像处理软件的开发平台。

嵌入式的图像处理系统通常与图像采集系统集成在一起，常见的嵌入式系统基于 DSP、FPGA、ARM 结构。嵌入式系统的特点是整合度较高，使用、安装都比较简单，成本低廉。在 PC 上开发的机器视觉系统作为产品时常常会转化为基于嵌入式的机器视觉系统。

7.1.2　雷达视觉技术

激光雷达是一种通过测量发射激光脉冲与接受的反射激光脉冲之间的信息差，从而实现非接触式测距和多维扫描的仪器，用以感知周围环境的距离信息。激光雷达技术是传统雷达技术与激光技术的结合，在航天、军事、测绘领域都有着重要作用，因其体积小的特性，更是近几年无人机及物联网领域的热门技术。

激光雷达属于主动式雷达，它基于激光测距技术，通过发射激光与反射激光的相位、振幅和频率等信息的差别来计算目标点距离。作为载体，激光具有高指向性、高亮度和高相干性等特性，这使得激光作为载体天然适合精确测距和测速，并且比起普通雷达有更远的探测距离；而激光的高速度与距离分辨率特性，使得激光雷达在环境测绘、移动物体测速和物体检测等领域都有广泛应用。

激光雷达一般由激光发射器、激光接收器、计算机三部分组成，常用的激光雷达基于激光三角测距法和 TOF(Time of Flight)测距法两种方法。

（1）激光三角测距法

激光三角测距法的原理图如图 7-1 所示，其中对应的参数为：

F：镜头的焦距。

S：激光器与摄像头中心点距离，可以理解为固定摄像头和激光器的平面。

β：激光器夹角。

X：通过摄像机焦点的反射激光与通过摄像机焦点的入射激光平行线在感光元件 CMOS 上交点的距离。

D：物体到摄像头焦点的距离。

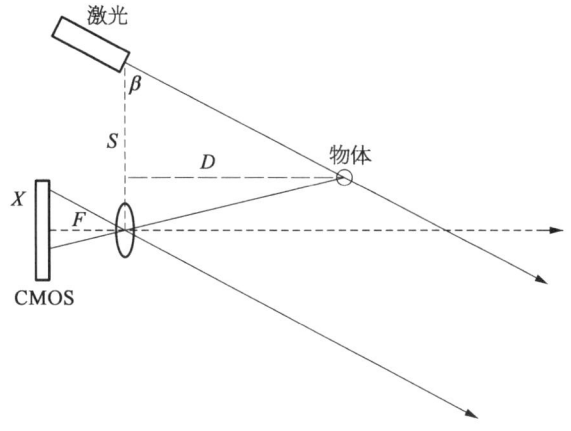

图 7-1 激光三角测距原理图

要测量距离 D，首先要将激光射线照到物体上，反射回来的激光经由摄像头的小孔成像原理投射在感光平面上，此时反射激光和发射光线平行线、CMOS 感光平面构成的三角形，与发射激光和反射激光、平面 S 构成的三角形相似，利用以下公式可以算出距离 D。

$$D = F \cdot \frac{S}{X} \qquad (7-1)$$

激光三角测距法在近距离有很高的精度，但是由于感光元件的像素大小限制，距离越远则精度越低，故此方法只适用于几十米内的短距离测距。

(2) TOF 测距法

TOF 测距法是在已知信号传播速度的基础上，通过计算信号在节点之间传输的时间来进行测距，其测量公式为：

$$d = c \cdot \Delta t \qquad (7-2)$$

其中，c 为光速，Δt 为经过各种方式测量的时间差。

TOF 测距法的数据来源基于电子时钟计算的激光飞行时间，由于时钟偏移量的影响，在近距离条件下误差较大，适合较远距离的距离测量。

7.1.3 其他视觉技术

除了上述常见的摄像机视觉、激光雷达视觉，目前其他常用的视觉技术还包括结构光技术、遥感技术和红外热成像技术等。

1. 结构光技术

结构光技术与激光雷达技术中的三角测距法类似，但是原理不同，三角测距法是依靠小孔成像原理，通过反射激光在感光元件上的成像点计算距离，而结构光技术会将事先编码好的图像投影到被测物体上，并通过设置在不同角度的摄像机采集反射图案。此时摄像机采集到的图案会因物体表面的凹凸而变形，通过对比摄像机采集的图像和原始图像,可以计算出物体的三维模型。比起只能对线目标进行扫描的激光三角测距法,结构光法可以同时实现对面目标的扫描,而不需要额外的旋转机构。

2. 遥感技术

遥感技术是伴随着航空航天技术的发展而诞生、成熟的,这一技术基于飞行器、人造卫星等空基平台对地表的光学、电磁波和辐射扫描等方式来获取地面信息。在遥感技术诞生的20世纪70年代,由于当时的计算机算力限制问题,这一技术主要只应用在环境与资源勘探领域。而20世纪90年代计算机技术的飞速发展,使得遥感技术也快速应用在城市建设、军事规划等规划工作领域内。目前,基于遥感技术我国已经建立了国家级环境宏观信息服务体系、灾害遥感监测评估业务运行系统、建设了国家空间数据基础设施和建立了海洋环境立体监测体系。

3. 红外热成像技术

红外热成像技术是运用光电检测手段,将人眼不可视的热辐射转化为可供人类观察的图像与图形的技术,比起可见光成像技术,红外热成像具有很强的障碍物透视能力,在雨、雾和夜间缺乏光照的条件下也能正常工作,有极强的环境适应性。除了基于热信号成像的原理,这一技术也能采集监控环境内物体的温度信息,在生物和机器检测、非接触式测温领域中也有大量应用。目前红外热成像技术在钢铁行业、石油行业和电力行业等工业领域均有成熟的应用,主要是利用热成像对可能发生的行业事故进行监测和预防;在医学上可用于肿瘤、血管疾病、皮肤病的有效诊断;此外,红外热成像技术在建筑物检测、森林火灾监测、粮食火灾探测和可燃气体泄露等领域也发挥着至关重要的作用。

7.2 机器视觉发展现状

7.2.1 机器视觉技术发展概况

机器视觉技术是一门涉及人工智能、计算机科学、生物学和物理学等多个领域的交叉学科。近年来,随着人工智能科学的高速发展,机器视觉技术在智能计算硬件和日新月异的算法加持下,取得了巨大的经济效益和社会价值。

自1970年代,JVC推出了第一台家用型摄像机,视觉采集画面仅有250线。2004年,索尼发布了第一台HDV1080高清摄像头,分辨率高达1 440×1 080。如今,机器视觉采集设备已经完全实现了低成本化的1 080 P级别,摄像机也逐渐实现了2 K、4 K甚至亿级的像素采集。

随着视觉采集设备成本的降低和性能的提升,机器视觉技术迅速发展。视觉设备从最开始的单纯替代人眼的监控用途逐渐发展为替代人脑的作用。这主要归功于机器视觉处理算法的发展。2012年之前的机器视觉算法主要是通过人为特征工程根据实际场景设计特征后进入机器学习/模式识别分类器之中进行训练和检测。经过图像降维后的机器视觉算法对算力要求较小,但场景鲁棒性也存在较大的局限性和较弱的泛化能力。2020年,Alexey Bochkovskiy接棒原作者Joseph Redmon提出了YOLOV4,算法的精度和运行效率得到了极大提高。在此背景下，机器视觉的计算硬件担任起处理视觉图像的任务，为算法提供强力的支持。随着视觉采集的高像素发展和算法更迭，机器视觉图像处理任务所需要计算的数据量变得异常庞大，这也对机器视觉计算硬件提出了更高的要求。

2012 年之后，深度学习算法逐渐成为机器视觉的主流架构，传统的计算方式已经难以满足深度学习的计算数据量，GPU 硬件开始推动算法层面的技术发展。从最开始的双 GPU 计算到后来的 Nvidia Titan X，均依赖大算力的 GPU 硬件条件。其中，英伟达以其大规模并行 GPU 和专用 GPU 编程框架 CUDA 主导着当前深度学习硬件市场，其最新的 Quadro RTX 8000 可提供高达 130.5 TFLOPS 的深度学习性能。但是，同样有越来越多的公司开发出了深度学习的加速硬件，比如谷歌的 TPU、英特尔的 Knights Landing、AMD 的 GPU、寒武纪的 GPU 等。此外，FPGA 的高灵活性也在深度学习计算中占有一定席位，但由于其大规模开发难度偏高、总体性价比和效率也不占优势，并不适合普及。另一方面，从硬件制造工艺来说，当前芯片最成熟先进的 7 nm 架构已经大规模量产，3 nm 芯片也已经攻克技术壁垒，2 nm 芯片也即将突破量产。先进的硬件制造工艺也将大幅度提高算力，从而引领机器视觉技术的飞速发展。

高分辨率的视觉采集设备是机器视觉技术高准确率的天然基础，计算机硬件配置是机器视觉能够在有效时间和数据范围内快速准确实现视觉数据处理和分析的强力支持，计算机视觉算法的发展壮大是机器视觉技术能够实际广泛应用的必要条件。

7.2.2　机器视觉与智慧交通

21 世纪，机器视觉技术发展迅猛，在各个领域得到了广泛的应用推广，取得了巨大的经济效益和社会价值。常见的机器视觉技术已经覆盖了农业、工业、医疗和交通等社会各个领域。农业方面，机器视觉已经参与到从农产品自动采摘到产品质检的各个环节，为精细农业和农业自动化生产奠定了基础；工业方面，机器视觉引领着工业从自动化向工业 4.0 的智能制造方向发展，结合机械视觉技术的智能制造解决了传统制造业的诸多问题，对于提高社会生产效率减轻工人劳动强度起着重要的作用，随着机器视觉技术的不断发展和成熟，其对于生产制造行业的影响将更加巨大；医疗方面，机器视觉在药品生产和医疗辅助诊断均有着成熟的应用，医疗影像的处理技术已经可以达到专家水准，这对促进基层医疗水平有着深远的意义。

在交通建设上，联合国发布的数据表示，到 2050 年世界将有近 2/3 的人口居住在大城市。城市化的浪潮对城市带来了不小的压力，尤其在交通运输管理方面。机器视觉技术能够代替人眼进行判断和测量，能够有效缓解交通运输管理压力。例如，"海燕""昆仑"等系统能很好地实现道路交通的综合管控，改善交通状况，为市民安全出行提供保障。机器视觉在交通领域的应用主要可分为交通事件检测、车辆安全保障、车牌识别及自动驾驶技术。

（1）交通事件检测

交通事件检测主要利用机器视觉技术实现对交通序列图像分析，对交通行人及车辆进行目标识别与跟踪。在此基础上，对交通场景进行理解，从而实现对路口闯红灯、逆行、违规变道、开车接打电话和未系安全带等违章行为进行抓拍，对交通事故和交通拥堵等现象进行自动化监控并录像、警报。借助机器视觉技术，交通管理部门可以实现智能化交通事件检测，进行越来越多的非现场执法工作。

(2) 车辆安全保障

行车安全是永恒的话题，机器视觉在车辆使用过程中可以通过视觉增强和扩展手段实现对车辆的安全保障。其中，视觉增强是通过视觉采集设备监控外部环境，并通过一定的技术手段进行效果增强，实现对周围交通环境的实时监控。此外，视觉技术还可以增强不同气候、不同时间条件下的视觉环境，提高其视觉效果，实现低照度、低能见度等不利条件下的驾驶辅助。视觉扩展手段则通过视觉传感器弥补人眼在行车过程中的视野盲区或光线局限性，对驾驶员进行视觉补偿。常见的视觉扩展安全防护手段是目前成熟的倒车影像系统，包括早期的雷达防护到现在的 360°全景防护，这无疑大大扩展了驾驶员的视野范围，保障了车辆安全。

(3) 车牌识别

车牌识别技术是现代交通系统研究的一个比较热门的话题，车辆对应的车牌号码是固定的，所以利用机器视觉技术识别的车牌号可以找到对应车辆的全部信息。车牌识别技术是实现交通管理智能化的重要环节，已经广泛应用于机场、港口、小区的车辆管理和不停车收费等领域。

早期传统车牌识别主要分为图像获取、图像预处理、车牌定位、字符分割和字符识别几大步骤。如今，随着人工智能技术的发展，基于深度学习端到端的车牌识别也逐渐推广开来。

(4) 自动驾驶技术

机器视觉技术同时也融合到驾驶技术中，即自动驾驶技术。机器视觉在自动驾驶中的应用主要有两个方面：障碍物检测，道路与车牌标识检测。

在自动驾驶中，障碍物的出现是无法事先知道的，所以对于障碍物的及时识别对于驾驶的安全有着重大的意义。目前基于机器视觉的障碍物检测主要有三种算法：基于特征、基于光流场和基于立体视觉。基于立体视觉的障碍物检测技术不需要知道障碍物的形状、尺寸等信息也不需要考虑障碍物是否移动，还能得到障碍物的具体位置，而成为主流研究方向。

在自动驾驶中，道路边界检测是车道标识识别，关系车辆能否按照交通规则行驶。许多国家开发出了自己的基于视觉的道路识别与跟踪系统，其中 LOIS 系统、GOLD 系统、RALPH 系统比较具有代表性。道路边界检测与车道标识识别可分为两种方法：一种是基于特征的识别方法，另一种是基于模型的识别方法。基于特征的识别方法根据道路的实际情况和实际特征（颜色特征、灰度特征等），从拍摄的图像中检测道路边界。

除了上述目前应用最广泛的机器视觉交通领域的应用，2019 年英伟达推出了"流动之城"数据集，该数据集覆盖了一个城市规模的交通摄像头数据，旨在分析目前各种最先进的机器视觉算法和时空分析结合的算法，从而完成对整个城市交通流的智能管理。

在智慧交通领域，机器视觉技术对于缓解交通压力、维护交通秩序、提高交通安全性起着至关重要的作用。在未来,随着机器视觉技术的发展,智慧交通正朝着无人化、智能化管理的方向发展。

7.3 机器视觉在智慧港口中的应用

7.3.1 机器视觉在港口中的早期应用

1. 摄像机视觉技术港口应用

机器视觉最初解决的是劳动密集型工业中的物体识别自动化问题,在港口作业中,每一次集装箱的装卸、入港发出都需要对箱体的各种参数进行检测,新式的智能化港口设备已经能用机器视觉的方式解决这些问题。

如在集卡防吊起系统中,传统上需要在集装箱装卸过程中配备检测人员,在现场对集装箱与集卡车架间扭锁、集装箱底锁等固定位置进行检查,防止出现误吊起现象。现在机器视觉检测方案已经大量替代了人工检测方案。2019年,青岛港的自动化码头新研发的集卡防吊起系统在全球首次实现了陆侧全自动收箱作业,在码头收箱过程中避免了人工介入,提高工作效率的同时也进一步提升了安全性。

2. 雷达视觉技术港口应用

自从20世纪60年代梅曼研制出第一台红宝石激光器开始,大量激光雷达技术被应用在环境感知领域的方方面面。从20世纪60年代在军事领域最先应用的一维激光测距仪,到90年代后大量用于环境勘探的二维激光雷达,近年来随着物联网技术的发展,能进行三维立体扫描的小型激光雷达设备逐渐有了大量应用。

随着我国"一带一路"的发展建设及新一轮技术的发展与应用,港口行业正在进行自动化和智能化的转型。由于港口运输业务繁重,引入大量自动化技术可以有效减少工作人员因疲劳导致的失误,并且通过自动化运输设备的集中统筹规划可以显著提高作业效率,其中自动导引运输车(Automated Guided Vehicle,AGV)技术是港口智能运输的重点。这是一类电池驱动,使用了自动导航、无人驾驶和自动避障等一系列自动化技术的集装箱运输车,独特的定位和路径规划系统是这类车辆的核心技术。

在早期AGV中,作为导航参照物的是地面磁贴,利用电磁信号确定AGV的空间位置并规划路径。新一代AGV应用了基于二维激光雷达构建的雷达扫描导引方式。这一技术是在AGV行驶过程中,利用车载激光雷达不断扫描周围环境建立局部地图,通过卡尔曼滤波算法等技术,利用局部地图与AGV系统中预留的整体地图,得出AGV的实际运动节点,用以对AGV的路径进行实时矫正,比起磁铁方式而言具有更高的精度。同时,因为激光雷达测量的实时特性,也可作为AGV运动过程中的防撞系统运用,在激光雷达建立局部地图时可以扫描出路径上的障碍物,并停车报警或选择绕开。

激光测距技术在定位领域也有所应用。岸桥是集装箱码头的主要岸边作业机械,用于船舶与码头之间的集装箱装卸作业。岸桥的作业是将集装箱从集卡上吊起或将集装箱放置到集卡上。这个过程传统上需要依靠卡车司机通过目测移动集卡,完成集卡与吊具的对位,该操作难度较高并且效率较低,同时集卡与吊具之间容易发生碰撞造成设备损坏,带来诸多安全隐患。

2016 年,青岛前湾码头研发了基于激光扫描测距原理的岸桥下集卡自动定位系统。该系统利用激光扫描系统对岸桥下集卡进行测距,通过微处理器识别出集装箱的形状、高度及与其偏离岸桥起吊点的距离,并利用 LED 显示屏提示集卡驾驶员调整卡车停车位置经过测试。激光雷达技术的引入使得整个作业效率提高了 9.74%,并大大降低了因集卡与吊具碰撞造成的安全隐患。

3. 其他机器视觉技术港口应用

其他机器视觉技术主要为结构光技术、遥感技术和红外热成像技术等。此类技术应用领域较窄,在港口的应用主要有以下几个方面:

(1) 结构光技术

结构光技术也具有激光雷达技术的空间位置计算、物体表面信息检测等功能。在港口中的应用也与激光雷达类似,结构光技术能完成吊具与集装箱的自动吊装调整、集装箱表面损伤的扫描等。此外,基于结构光解码技术的集装箱位置姿态测量方法,可以利用安装在吊具上的结构光发射器与光学传感器,利用特征坐标计算集装箱相对于吊具的位置和姿态关系。该系统比起激光雷达方案,无须复杂的旋转机构提供多维扫描能力,反应时间较快,可以实现吊装过程中的自动姿态控制。

(2) 遥感技术

遥感技术在现代港口中是航道检测的重要手段。由于海岸河口地区的水文运动,岸线与水下环境常常处于不断的变化过程之中。针对航道的变化,传统上需要定期组织大规模水文调查来修改记录中的水文、泥沙等数据,费时又费力。卫星遥感技术的引用,使得相关人员能够方便、快捷、低成本地获取航道的实时情报,对于水深、水质等信息,也可通过分析卫星遥感采集的可见光谱而得出。

随着空间技术和计算机技术的发展,遥感技术的分辨率得到了有效提高,现在遥感技术已经大量进入工程领域,在港口规划和管理中的应用便是其中之一。高分辨率的遥感技术可以对港口内的建筑物、区块、道路及大型设备进行识别和分类,也可识别出在港船只,为港口与港口之间的资源规划提供依据。

(3) 红外热成像技术

在港口监控系统中,由于热成像技术的全天候特性,常用于仓库防盗和安保系统中。这一技术的引入,使得监控系统在夜间也可正常对港口地区的人流进行监控和记录,大大减少了看管仓库地区所需的人力资源,并连接报警系统,为安保工作提供一定的物证。

热成像技术也可应用于港口夜间的船舶搜索工作。2009 年,意大利拉韦纳港采购了一批多传感器热成像摄影机交由海岸警卫队和港口领航机构,通过这一设备,海岸警卫队的监控范围从港口正面扩展到相邻的海岸,且无论在白天或黑夜都可以正常识别和搜索附近的船只,保障港口周边环境的安全。

7.3.2 机器视觉在智慧港口中的典型应用

港口自动化码头的发展是推动全球经济稳步快速发展的关键。如今,自动化技术在全球发展迅猛,人们对于机器视觉技术的认识更加深刻,机器视觉技术的运用,让不适合人工作业的危险港口工作环境变成可能,大大提高了生产效率和产品精度。随着机器视觉技术的成熟与发展,其应用的范围更加广泛,机器视觉技术在智慧港口建设中的典型应用可分为三大类:图像识别、目标定位、安全防护。这三大典型的应用基本上概括了机器视觉技术在港口智慧化中的应用现状。

7.3.2.1 智慧港口图像识别应用

图像识别作为最传统的视觉检测技术,主要依据机器视觉技术对图像进行处理与分析,以识别各种不同模式的目标和对象。在智慧港口的建设中,图像识别技术主要在集装箱箱号识别、集装箱箱信息识别和集卡车号识别等方面发挥了巨大作用。

1. 集装箱箱号识别

集装箱箱号识别系统作为最先进入码头、有着成熟应用的机器视觉系统,其主要利用了传统领域的 OCR 光学识别技术来进行集装箱箱号的识别与采集。目前集装箱箱号识别系统已经在天津港、太仓港、厦门港和连云港等港口中大范围推广,成为智慧港口建设中必不可缺的机器视觉系统之一。

图 7-2 集装箱箱号

如图 7-2 所示,集装箱箱号采用了 ISO 6346 国际标准,其由三个部分组成:4 个大写箱主英文字母、6 位分类数字号和 1 个校验码,这 11 个 ISO 字符是集装箱的唯一标识代码。其在集装箱智能化管理中起着至关重要的作用。而在以往的岸桥装卸作业过程,箱号的采集主要依赖人工的辨识和手动的输入,在岸桥作业这样恶劣的环境下,不仅效率低下而且也存在着安全隐患。

集装箱箱号识别系统过程主要包括集装箱箱号图像采集、图像预处理、箱号定位、箱号分割和箱号识别,如图 7-3 所示。集装箱图像的采集一般采用室外专用的高清网络摄像机,并将其安装在轨道吊鞍梁和支腿上,以获得清晰的图像用于后续处理。

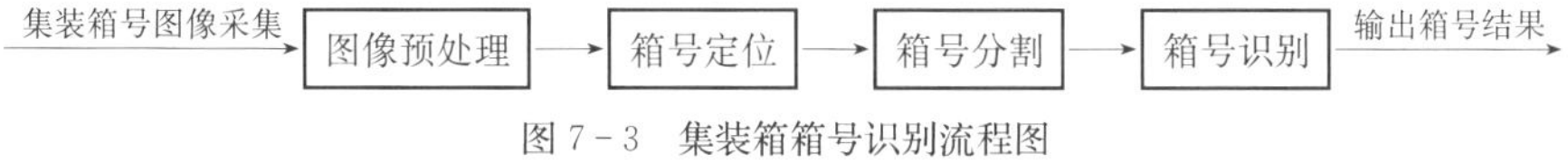

集装箱号图像采集 → 图像预处理 → 箱号定位 → 箱号分割 → 箱号识别 → 输出箱号结果

图 7-3 集装箱箱号识别流程图

图像的预处理是决定后续箱号识别率高低的关键性一步,在集装箱号图像采集过程中往往会受到天气、光照不均及采集方向等因素影响,其主要产生的问题包括噪声污染、图像模糊、箱体倾斜和字符位置干扰等。其中预处理首先将彩色图像灰度化处理,主要为了提高图像处理的速度,同时使得图像处理操作更加方便。对于噪声污染,采用平滑滤波器可以有效地进行图像去噪。常用的平滑滤波器有非线性与线性之分,线性滤波器有方框滤波、均值滤波和高斯滤波等,非线性滤波器有中值滤波、双边滤波等,两者对于图像噪声具有较好的抑制作用。同时为了突出图像中的"有用"信息、扩大图像中不同目标特征之间的差别、提高对目标的精确提取,常采用图像增强方法进行处理。常用的图像增强方法可以分成两类,一类是直接对比度增强方法,常用的是灰度变换法;另一类是间接对比度增强方法,常用的是直方图拉伸和直方图均衡化方法。

箱号定位是利用一系列图像处理方法,去掉非目标区域,提取感兴趣目标区域。箱号字符定位方法可分为三大类,第一类是基于箱号字符纹理特征的定位方法,第二类是基于字符结构特点的定位方法,第三类是基于字符边缘特性的定位方法。箱号字符虽被准确提取出来,但由于集装箱的箱号多是手写印刷体字符,书写方式和集装箱箱体的形状使箱号存在一定的倾斜,倾斜的箱号图像会影响识别结果。因而对倾斜箱号进行倾斜校正是十分有必要的步骤。倾斜校正的方法一般有直线检测法、投影最值法、角点检测法和主方向分析法等,每种方法在校正精度和实时性方面都有较好的表现,但面对不同现实倾斜情况,它们的鲁棒性与实际应用的要求有着较大的差距。

对于箱号准确定位出来后,要对箱号进行准确识别,需要将箱号字符进行单独分割,分割结果的好坏直接影响着字符识别的结果。目前箱号字符分割的方法包括水平投影分割法、垂直投影分割法、模板匹配分割法、聚类分析分割法和投影二分分割法等。对分割后的单个字符进行识别的方法目前主要分两种,一种是基于传统方法的字符识别,比如模板匹配、特征匹配和特征分析匹配等;另一种是基于神经网络的字符识别,比如 BP 神经网络、人工神经网络和深度学习等。最后将箱号的识别结果输出至码头管理系统。

集装箱箱号识别系统的应用推动了港口的自动化、智能化发展,与 TOS、ECS 系统的结合,可以实现港口装卸作业过程中的智能识别和理货,改变了传统的人工确认模式,提高了智慧港口的装卸效率和作业安全性,降低了运营成本,是智慧港口自动化智能化操作的必备系统之一。

2. 集装箱箱信息识别

在自动化进程中,机器视觉检测技术逐渐引入集装箱码头,利用图像处理技术快速对集装箱信息进行识别,包括箱门朝向、铅封和危险品等关键信息识别,在减少人力投入与降低劳动强度的同时,提高了港口码头的工作效率,目前的集装箱信息识别系统在宁波舟山港、天津港、厦门港和太仓港等港口有所应用。

(1) 集装箱铅封识别

如图 7-4 所示,集装箱铅封是集装箱的安全锁,是集装箱未开封的重要凭证,铅封是否被打开关系着集装箱的安全性。集装箱在运输过程中普遍采用的铅封是传统上的高保铅封,由锁体和锁杆组成,锁体是信息的承载体,一般印刷若干编码或条码等,常见为圆柱形。当铅封被破坏时,则表示集装箱已经被打开。

图 7-4 集装箱铅封

在利用图像识别进行铅封检测的过程中,由于铅封本身具有体积小、颜色多样、形式多样和安装位置多样等特点,传统铅封的检测十分困难。通常,机器视觉检测技术对于传统铅封的识别率仅有60%~70%。

针对这类不利于港口自动化、智能化发展的传统铅封,为了提高铅封识别的容错性能及铅封识别率,新型的二维码铅封应运而生,它既继承了传统铅封的特点,又具有加密处理的功能。同时,二维码铅封更易被视觉相机捕捉并识别,在二维码部分缺失的情况下也可被识别,具备比传统铅封更好的容错性。

(2) 集装箱箱门朝向识别

集装箱箱门朝向识别属于自动化港口的附加项目,在集卡运输过程中,如果集装箱箱门朝向车头方向,会给码头查验货物带来不便,也不利于装卸。因此,目前国内大型自动化码头均会对集装箱箱门朝向做出要求,也会安排专门的设备用于调整箱门朝向。

在自动化码头,箱门朝向检测通常伴随OCR识别系统一起出现,在箱号识别的同时进行箱门检测。箱门检测的原理也主要是通过分析箱门和箱尾两端集装箱成像特征的不同进行辨别。如图7-5所示为集装箱箱门、箱尾的实际拍摄照片。

图7-5 集装箱箱门、箱尾

(3) 危险品标志识别

集装箱危险品标志能够体现集装箱所装物品的属性与特性。但由于装有危险物品的集装箱经过船舶的长途运输、装卸和中转等多频次的流转后,非常容易造成集装箱外观的危险标志褪色、破损、脱落,甚至可能有的装箱单位忘记粘贴危险性标志,进而会给运输过程等带来了一定的安全隐患。为了降低因危险品标志所带来的安全隐患,需要对集装箱危险标志进行识别。如图7-6所示为集装箱上的危险品标志。

3. 集卡车号识别

集卡作为集装箱码头连接堆场及前端岸桥的重要运输工具,对于集卡的跟踪是全靠司机与码头现场人员的观察,这种方式虽然能实现对集卡信息的跟踪,但是存在效率低下及人工易出错等缺点。为了提高集装箱码头装卸工作效率,需要对集卡车号进行识别。

图 7-6 集装箱危险品标志

目前,集卡车号识别主要利用视觉检测相机,根据实时获取视频图像,通过 OCR 技术实现对集卡车号的实时识别,如图 7-7 所示为集卡车号识别效果。

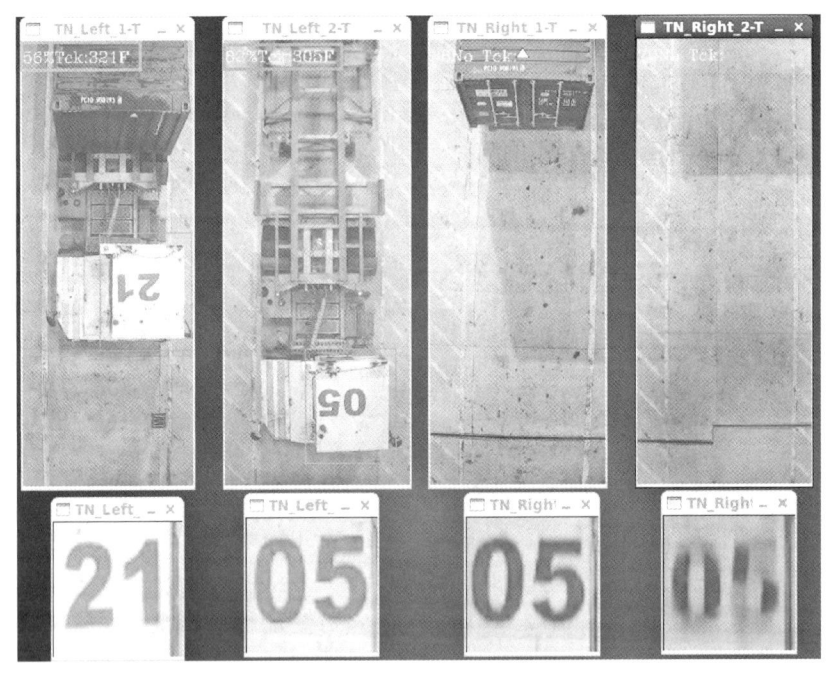

图 7-7 集卡车号识别效果

7.3.2.2 智慧港口目标定位应用

图像处理和计算机视觉在港口自动化研究领域中,一直是一个值得研究的问题,目标的准确定位对于目标的识别及图像的分析与处理有着十分重要的作用,在港口自动化中对于目标定位的典型应用包括集卡定位、火车定位和集装箱定位等。

1. 集卡定位

连接集装箱码头堆场及前端岸桥的设备是集卡,传统上对于集卡作业过程中的跟踪与定位完全依靠司机与码头现场桥边人员的经验。为了避免人工易出错与效率低等缺点,提高集装箱码头自动化水平,多采用机器视觉技术对集卡进行定位与跟踪。目前基于视觉的集卡定位系统在许多港口上都有所应用,如青岛港、厦门港、上海港、天津港和广州港等。

目前,一些港口也同时尝试过其他的集卡定位技术,包括基于光电传感器的技术、在集卡大梁上贴反光板和通过红外光束反射检测集卡位置等。基于GPS技术,是通过在每辆集卡上安装GPS定位器来实现集卡的准确定位。以上各种定位方法都具有一定的定位精度,但都存在无法有效地解决准确定位的问题。目前基于激光雷达与机器视觉技术的集卡定位系统应用较为广泛。

基于机器视觉技术的集卡定位系统主要包括图像采集与预处理、运动目标检测、特征提取、特征匹配和数据传输。集卡进入起重机下的作业贝位上,工控机通过图像处理技术识别集卡车号,利用贝位号结合集卡车号获取作业箱尺寸信息,进而确定目标特征在起重机下的预设位置,触发户外高清摄像机获取现场图像并通过图像处理软件分析,对目标进行检测获取目标特征的实时位置并传输至主控机,主控机将目标特征的实时位置与理论位置进行匹配分析,得出目标特征与理论位置的偏离方向,同时将分析结果传输至显示牌。若误差超过规定范围,通过显示牌告知司机进行车位调整,直到误差达到规定的范围,若误差达到规定范围,则显示集卡定位成功。如图7-8所示为视觉集卡定位的实际效果。

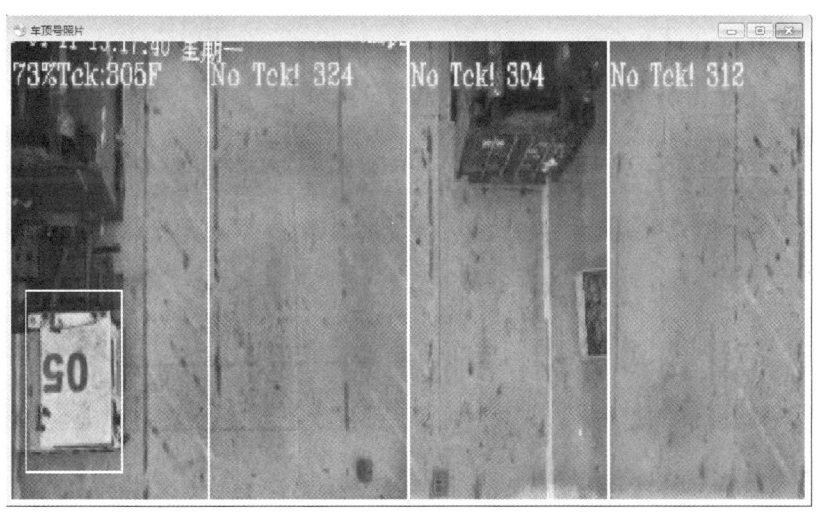

图7-8 视觉集卡定位效果

基于激光雷达的集卡定位系统,利用激光扫描器对车道上的集装箱进行扫描,判断集卡的行驶方向及车头位置,后台处理器控制系统根据集卡上集装箱的中心位置实现对集卡判断定位,同时显示集卡对位信息并提供给集卡司机,使集装箱与吊具、集装箱与空载集卡提前对位。如图7-9所示为激光雷达的集卡定位扫描点云图。

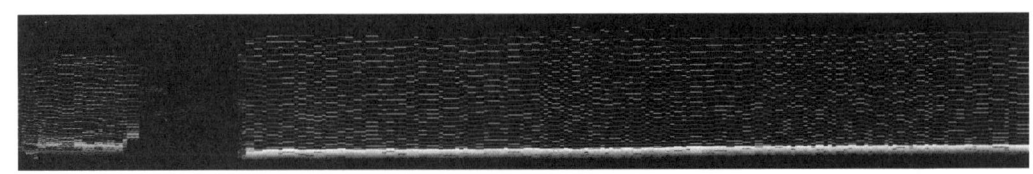

图 7-9　激光雷达集卡定位扫描点云图

2. 集装箱定位

集装箱是集装箱码头装卸的主要装卸对象,传统码头主要是通过起重机司机人工操作方式对集装箱进行抓取操作实现装卸作业。随着自动化发展进程的推进,自动化岸桥、自动化轨道吊等大型自动化装卸设备陆续出现。其中,对于集装箱位置的检测是自动化抓取集装箱操作的先决条件。在整个自动化装卸流程中,小车系统无须人员参与,因此必须获取目标集装箱的实际位置。集装箱定位系统示意图如图 7-10 所示。

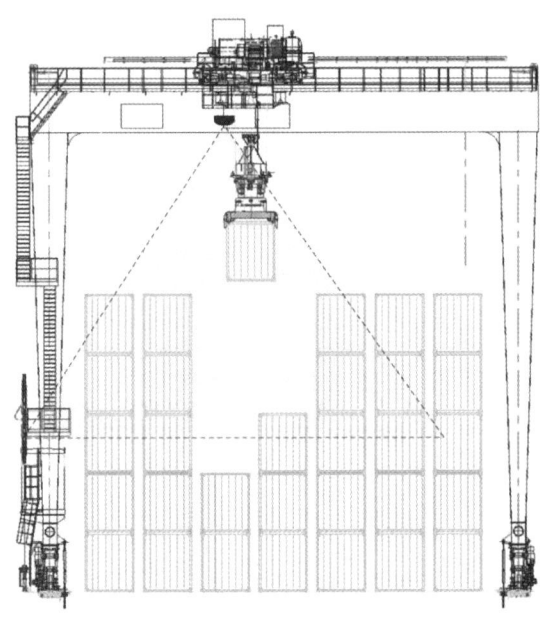

图 7-10　集装箱定位系统示意图

该技术主要采用激光雷达扫描测距的方式来实现,在自动化作业开始时,激光雷达扫描堆场三维点云数据,对当前列集装箱长、宽、高,同时检测旁边集装箱距离当前列集装箱的最小距离,进行防碰撞保护。

7.3.2.3　智慧港口安全防护应用

安全防护是实现港口安全的前提,在港口吞吐量保持高速增长的同时,港口作业的安全压力越来越大,在连续作业过程中,由于人的不安全行为、物的不安全状态和环境的不良情况等造成的经济及人员损失时有发生。在港口自动化中对于安全防护的典型应用包括集卡防吊起、防撞识别、轨道异物检测和人形识别等。

1. 集卡防吊起

无论传统码头或者智能化码头,在作业过程中都存在集卡锁头未解锁而被吊起的安全隐患。为了减少这种不安全因素的发生,传统码头大多数依靠人工现场巡检,通过人工观察及作业设备司机经验进行判断,该方式虽然能大大减少这种不安全因素的发生,但大大增加了人工成本。而现阶段则通过安装远程监控摄像头的方式,将集装箱起吊画面接入司机室,司机不断观察实时画面了解集卡起吊情况从而避免危险发生,这种方式反而增加司机的工作强度和复杂度,安全隐患有增无减。在自动化码头则采用激光雷达对集卡和集装箱连续扫描判断是否分离,来实现集卡防吊起功能,但单单依靠激光雷达无法应对各类集卡被吊起的情形。进而为了更好地达到港口作业安全防护的要求,采用机器视觉与激光雷达于一体的集卡防吊起系统。通过集卡锁头识别、车架实时跟踪、激光扫描判断智能识别集装箱与外集卡是否完全脱离,若当起吊至一定高度检测出集装箱与集卡未完全脱离,则输出报警及停止起吊信号。从而实现智能化、无人化、动态化的监控及管理。目前集卡防吊起系统在宁波舟山港、上海港、天津港、广州港和大连港等港口有所应用。

基于机器视觉技术的集卡防吊起系统主要由硬件与软件两部分构成,硬件主要包括检测相机和激光雷达,以及主控室内的工控机、显示屏、警报器和确认按钮。其中,4台检测相机每台负责拍摄集卡一端的两个锁头,选用的激光雷达为三维立体扫描。图像处理模块负责图像数据的识别与处理结果的发送。激光雷达数据处理模块负责激光雷达数据的处理与结果发送。工控显示一体机负责与PLC通信、图像处理模块通信等工作,放置于司机室内供司机随时确认;确认按钮与PLC联动,需要司机人工确认时使用。软件部分的主要过程包括集卡到位、采集基准图像、车架特征点提取、新图像采集、车架特征点提取、特征点匹配和结果输出。

对于车架特征点的提取采用特征点匹配算法,目前在机器视觉领域常用的特征点检测算法主要包括 SIFT、SURF 和 ORB,其中 ORB 算法将 FAST 角点检测和局部二进制特征描述算子 BRIEF 相结合,其实时性优于 SIFT 和 SURF。特征提取后需要进行特征匹配,以检测两者是否具有共性,常用的特征匹配的方法包括 k-最近邻(Knn)匹配、暴力(Brute-Force)匹配、FLANN 匹配等。进行特征匹配后,若在一定的误差范围内,判断安全,否则为误吊。集卡防吊起车轮跟踪报警效果如图 7-11 所示。

图 7-11　集卡防吊起车轮跟踪报警效果

基于激光雷达的集卡防吊起系统利用激光雷达技术实现集卡防吊起功能,系统实时处理激光雷达扫描数据点,且对集装箱侧面进行识别,对起重机进行箱信号和开、闭锁信号检测,同时随着起升机构的不断提升,系统会自动计算出起升变化量,并将起升变化量与阈值进行比较,大于阈值时系统才开始工作,同时一旦集卡防吊起算法工作后,系统会检测集装箱和车身是否正常分离。如图7-12所示为激光雷达集卡防吊起的点云数据。

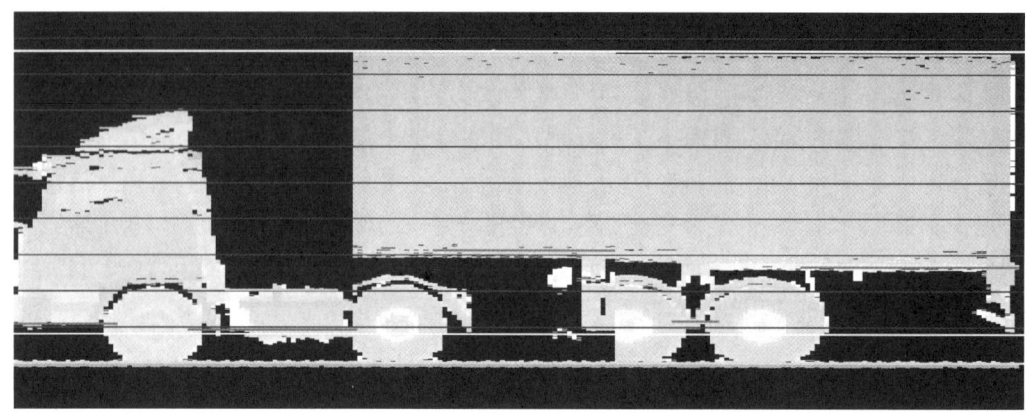

图7-12 激光雷达集卡防吊起点云数据

2. 防撞识别

港口作为物流集散中心,主要的操作设备涉及轨道吊、堆高机、集卡装卸设备和叉车等,这些大型流动机械往往不是单独作业的,需要现场人员的参与及机械之间的相互配合。操作大型机械的司机常常由于光线及视野等的影响,发生对机械及现场人员的撞伤,从而酿成严重的事故。

为防止上述意外的发生,机器视觉技术在大车防撞识别上也同样应用广泛。目前,机器视觉大车防撞识别的检测手段主要分为激光雷达和摄像机视觉两种方式。其原理均是利用激光点云数据/二维图像数据对大车行进路径上的异物进行检测、识别与预警。

(1) 激光雷达防撞

激光雷达通常安装于作业机械的四条门腿或横梁位置,通过激光扫描获取防护区域内的点云数据,并拼接还原为三维模型/二维图像,进一步分析图像特征,从而获取防护区域内的异物大小、轮廓和距离等重要数据。

激光雷达作为主动式视觉,其优势在于受外界环境影响较小,不论白天夜晚外界光照条件如何,均能够保持稳定的防护能力。

(2) 视觉防撞

视觉防撞可分为两类: 单目视觉防撞/双目视觉防撞。常用的单目视觉往往通过对图像本身的特征分析实现对既定区域内的障碍物进行检测识别,并对设定标定区域实现一种伪3D式的距离测量。而双目视觉与激光雷达一样能获取障碍物与本机之间的实际距离,获取障碍物的三维尺寸和深度信息。

视觉防撞受光照影响较大,因此往往需要增设补光设备以保证外界环境的光照稳定。与激光雷达相比,视觉防撞具备更清晰的障碍物图像,可以分辨障碍物的种类和形状。同时,视觉相机与激光雷达相比也具有低成本的优势。

如图7-13所示,大车防撞基于上述两种方式的识别结果,在控制系统方面主要分为减速区域和停机区域。当机器视觉识别障碍物位于行进路径的减速区域时,大车会发出声音警报,并发送减速指令给大车控制系统进行减速;当机器视觉识别障碍物出现在停机区域时,表明障碍物距离很近,情况十分危险,识别系统将立即发送停机指令,使大车停止行驶。

图 7-13　大车防撞区域设置示意图

图 7-14　码头工人定期清理轨道异物

3. 轨道异物检测

目前轨道式起重机已经成为国内外码头广泛使用的装卸设备,例如轨道吊、岸桥等。顾名思义,轨道式起重机主要按照既定的轨道行驶,一旦轨道上出现坚硬异物,如石块、铁块等,极易造成脱轨等危险情况发生;同时,异物对轨道及设备的使用寿命也会造成极大的损害。因此,轨道异物检测同样是码头安全防护的必要手段。传统的轨道检测方式主要是依靠码头工作人员定期巡视检查,这种方式虽然能够准确检测异物,但一方面异物发现不够及时,仍存在一定的安全隐患;另一方面,过于浪费人力、物力、财力。如图 7-14 所示为国内某码头对岸桥轨道进行定期人工清理。

近年来,在机器视觉技术日新月异的发展下,轨道异物检测也开始借助机器视觉技术。轨道异物检测目前主要是通过传统视觉检测技术实现,即利用摄像机拍摄轨道画面,并通过 Hough 变换检测直线的方法提取异物;或通过模式识别机器学习的方法对异物进行直接检测;或用帧间差分方法对图像背景进行提取与更新,对轨道线路的同一位置连续拍摄两帧图计算出异物的高度与长度信息。

在机器视觉技术的防护下,安全防护系统可以实现全天候实时准确地进行轨道异物检测,并实现自动报警和预警,将事故防患于未然。

4. 人形识别

码头作业区内有大量的重型机械,为了防止作业中人员擅自进入造成伤亡,大多数码头采用传统的视频监控方法,对需要监控的区域安装摄像头,同时安排专业人员观察摄像头的监控图像。然而这种方式同样具有较多的弊端,比如不能实时阻止危险行为的发生、监控系统的漏报和误报、数据分析困难及响应时间长等。采用机器视觉的方法实现智能视频监控,在几乎不需要人为干预的情况下由机器实时、自动地分析视频图像源,从中识别并获取关键信息,实现对动态场景中的目标进行定位、识别与跟踪,同时做出相应的反应。人形识别系统几乎在每个港口都有所应用。

人形识别系统由视频采集单元、人形检测单元和报警输出单元构成,视频采集单元负责从摄像机或者其他系统中获取图像,并将获取的图像提供给人形检测单元,其中人形检测单元是该系统的核心,用于从视频采集单元提供的图像中提取人形特征信息。目前对于图像中的人形特征信息提取采用 HOG 与卡尔曼滤波器结合、Hu 矩与 Zernike 矩及小波变换与动态帧等方法。提取人形特征后利用 SVM 进行人形识别与分类,并向报警输出单元提供识别结果,报警输出单元根据人形检测单元提供的识别结果,判断现场图像中的人是否列入监视名单中,如果是则执行预先设定的报警步骤。如图 7-15 所示为港口人形识别安全防护。

图 7-15 港口人形识别安全防护

随着机器视觉技术的更迭交替,机器视觉技术和方法已经从智能制造、智慧交通逐渐渗入自动化码头的建设中。无论是主流的摄像机视觉、雷达视觉,还是红外热成像、遥感图像、结构光等新老技术,都已经在码头建设中寻根落地,开花结果。目前,国内市场上常用的智慧港口机器视觉应用主要是从图像识别、目标定位、安全防护三个方面实现的,涵盖了集装箱、集卡和装卸设备等自动化装备,参与了港口运营装卸的全工艺流程,实现对智慧港口装卸进行有效监控、检测、安全防护和引导。

第8章

智慧港口与 AR/VR 技术

8.1　AR/VR 技术概述

VR 和 AR,自其诞生以来就有着紧密的联系。VR 是指整个场景中的一切内容都是虚拟出来的,与现实场景没有关联,就如同我们进入某款 3D 游戏的屏幕中一样,而 AR 则是指视野中存在大量的现实内容,在此基础上叠加了虚拟内容,两部分内容能够实现互动,例如凭空在桌子上出现一个杯子,但其实杯子并非真实存在的。它们时常被人们混为一谈,并衍生发展出了混合现实技术(Mixed Reality,MR)。该技术将虚拟现实和增强现实结合起来,在虚拟世界、现实世界和用户之间搭起一个交互反馈回路,以增强用户体验的真实感。在新的可视化环境中物理实体和数字对象可以进行互动行为。

VR 设备大的分类有三种,手机盒子类、头戴一体机和 PC 连接类。手机盒子类设备,价格低廉,在几十元到几百元,可以配合手机观看 VR 电影,玩一些简单的游戏。代表产品 Google Cardboard,其结构十分简单,甚至可以纯手工打造,原理上利用了左右眼的视觉差,从而产生了一种立体的感觉。头戴式一体机和 PC 连接类设备是最具有科技感前景的 VR 设备。VR 设备分类如图 8-1 所示。

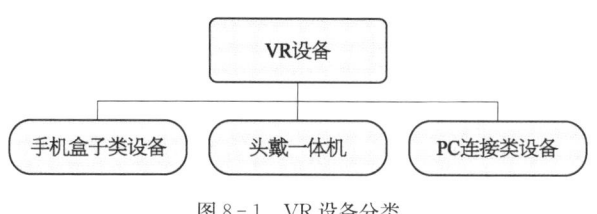

图 8-1　VR 设备分类

目前常见的头戴式一体机和 PC 连接类设备主要由以下四部分组成:头戴式显示设备(HMD)、主机系统、追踪系统、控制器。头戴式显示设备,俗称虚拟眼镜,放在用户眼前实现 AR/VR 的光学功能,主机系统是指为 HMD 提供保障的各种设备,如智能手机、PC 等。主机设备的性能会很大程度上影响 AR/VR 的显示效果。追踪系统,一般是 HMD 的外部设备,也有整合到设备中的,包括陀螺仪、传感器和磁力计。它的核心功能是捕捉用户运动来旋转产生沉浸式的体验,比如当你抬头就会看到天空。控制器一般是手持设备,再来追踪用户的动作手势。而头戴式显示设备又包括显示屏、处理器、传感器、摄像机、存储、电池和镜片。大多数显示屏有一至两块屏幕,4 K 分辨率的屏幕成为主流厂商的选择,分离式 HMD 的屏幕多采用有机发光半导体(OLED),而整合式 HMD 采用的是微投影技术。OLED 与 LCD 相比有更大的优势,比如刷新率更快、延迟度更低,这就保证了用户不会在使用过程中晕屏幕。微投影在 AR 设备中是使用得最广泛的。谷歌眼镜采用的就是微投影技术,未来的 AR 设备也将广泛采用这项技术。

处理器是设备的核心,用来生成图像,根据陀螺仪传出测数据计算姿态定位。为了避免眩晕,图像刷新率需达到 90 Hz。这对运算速度要求很高。传感器追踪用户眼部、头部的转动,将信息传递给处理器,然后进行图像的输出。只有灵敏的反应才能让用户产生沉浸式体验。传感器包括视场角(FOV)深度传感器、陀螺仪、加速计和磁力计等。摄像机,一些 HMD 通过前置摄像头进行拍照、位置追踪和环境映射。存储/电池,顾名思义是指存储系统提供高清晰度的视频和图像的储存功能,读取和存入都要足够快速。电池则提供合适的工作时间。镜片方面多采用非球面镜片。

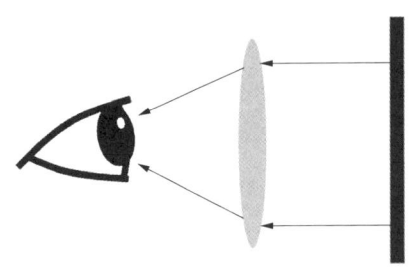

图 8-2 VR 的光学结构

仿佛 AR 是 VR 的升级版,但为了实现这样的升级,这两种技术在光学结构上却走上了完全不同的路线。VR 的光学结构(图 8-2)相对简单,其实就是简单的凸透镜成像技术,眼睛总是假定光来自直线方向,这样就实现了屏幕图像的立体化,常见的头戴式的 VR 眼镜大盒子就是依赖于这一简单技术,减小设备体积和重量的方案基本上就是通过镜片组合降低凸透镜的质量。

而 AR 技术要同时满足成像和不遮挡眼前的真实物体,这就使光学结构变得复杂。目前有三种方案,第一种叫离轴反射,简单来说就是通过一个既透明表面又可以反光的镜片,通过反射把需要的光线反射到眼睛里;第二种 Birdbath 是把光源投射到一个和人视网膜平边呈 45°的分光镜上,分光镜同时反射和透射光源,这种方案的好处是相比较离轴反射它的光学结构比较小;第三种是光波导,这种方案的原理结构相较前两种复杂一些,总体上分为几何光波导和衍射光波导,简而言之就是使光线在镜片内部侧面不断反射传导,最终进入眼睛,因为这种传导方式节省了空间,可以使整个眼镜十分轻薄。AR 的光学结构如图 8-3 所示。如果只考虑轻薄化,显然光波导最可能成为 AR 技术的最终方案,但是还有另一项需要关注的指标——视场角。当前几种方案中视场角最大的也只有 100°,而最轻薄的光波导技术甚至只能实现 50°的视场角。视场角是以被测目标的物象通过镜头的最大范围的两条边缘构成的夹角,称为视场角最大,形象一点,比如你在玩诸如 CS 这类的 3D 射击游戏时电脑屏幕被左右各遮挡住一部分,这就是视场角缩小。

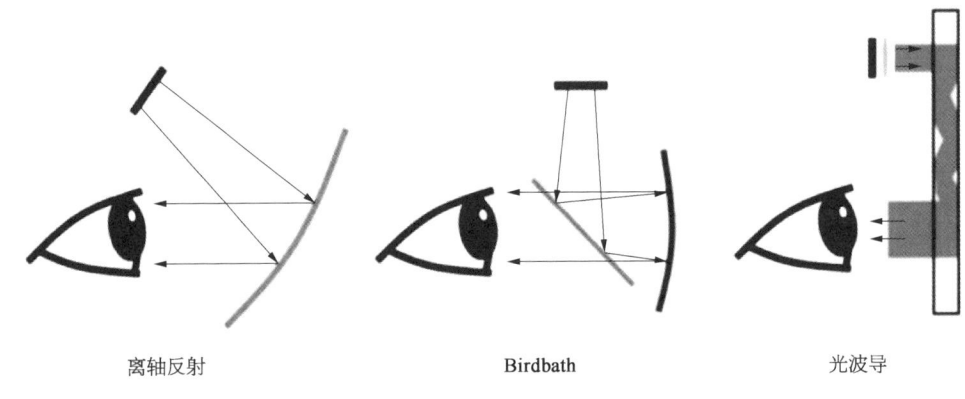

离轴反射　　　　　　　　Birdbath　　　　　　　　光波导

图 8-3 AR 的光学结构

除了光学结构上的不同外,AR 和 VR 在定位识别技术上也存在一些区别,在 VR 中所有的场景都是虚拟的,只需要对头的位置和身体的姿势进行实时定位。早期的 VR 眼镜一般是 6 自由度定位,这就要依靠场外设备来实现定位,而近几年开始出现 InsideOut 定位技术,依靠头盔自己的摄像头拍摄真实场景实现定位,InsideOut 技术的应用大大地减少了设备的复杂性。而 AR 技术,光学结构只能现实世界和虚拟世界的叠加,但是要叠加得准确就需要识别和检测现实环境中的各种特征,从而确定虚拟物体在这个空间中的坐标。即时定位与地图构建(SLAM)技术可以说是 AR 的核心技术,SLAM 是否迅速准确直接决定了产品的质量。

8.2 AR/VR 技术发展现状

AR/VR 技术主要运用在以下三个领域:

1. 游戏娱乐

不少游戏公司都推出了 VR 游戏及配套设备,这颠覆了传统游戏需要用键盘鼠标手柄的输入方式,游戏者和游戏场景的交互性变强,游戏体验丰富。

2. 生活服务

VR 技术在旅游中的应用也十分具有魅力,根据网络数据对近年来国内外旅游人数的分析预测,到 2030 年全球旅行人次将达到 18 亿人次,以 3D 支撑的虚拟现实的应用能够让人们足不出户就遍览天下。在教育培训方面,AR/VR 技术的应用不仅增强了人们获取知识的趣味性,更拓展了接受教育的途径。比如,VR 技术可以实现在虚拟世界中建立实验室,受限于学校教学条件,实验危险系数,很多原先可能不能实施的实验,学生只要进入虚拟实验室就可以以沉浸的方式操作实验,也不会造成财产和生命的损失。在普通教学课堂,让学生身临其境的来学习枯燥的理论知识,可以更好地帮助学生理解那些晦涩难懂的理论知识。基于 VR 的实验室远程教学如图 8-4 所示。

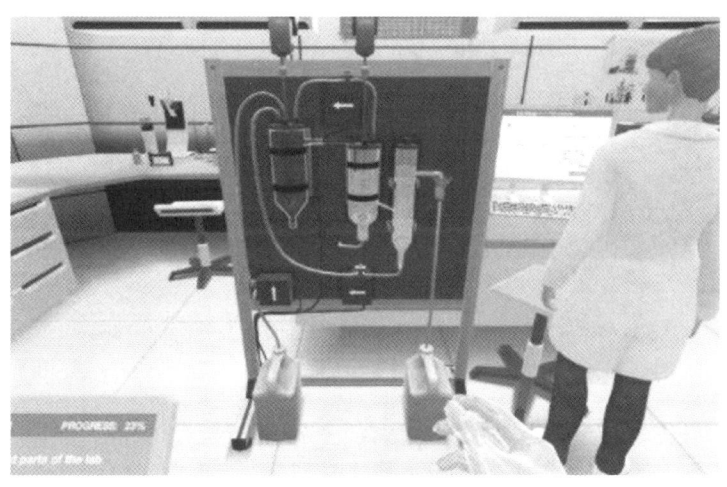

图 8-4 基于 VR 的实验室远程教学

3. 商业服务

AR/VR 技术已经在美国军队模拟训练领域实现商用,可以模拟不同战场环境,大大节省选址方面的军费开支和不必要的人员伤亡。在单兵训练领域丰富了训练内容,甚至可以实现多军种的联合演习。在工业领域,VR 技术提供了一种为企业员工进行机械操作培训的新方法,让学员在上岗前就能熟悉工厂的环境设备,这将成为我国迈向工业 4.0 时代的一大助力。在医学领域,AR/VR 技术需求尤其突出,一边是各个领域的专家十分稀少,另一边是各类会诊需求的激增,AR/VR 技术为这一矛盾提供了解决方案。以虚拟手术训练为例,三维可视化系统与 VR 技术的结合,可以在虚拟环境中实现对组织器官的重塑,这方便了医学的交流和学习。低成本使得 VR 系统在医学生的培养尤其是手术技术的提高等方面发挥了重要作用,让医生能够制定更加科学的手术方案,提升手术成功率。AR/VR 技术在建筑、安防、航空航天等领域均得到了广泛应用,在未来亦有着充分的发挥空间(图 8-5)。

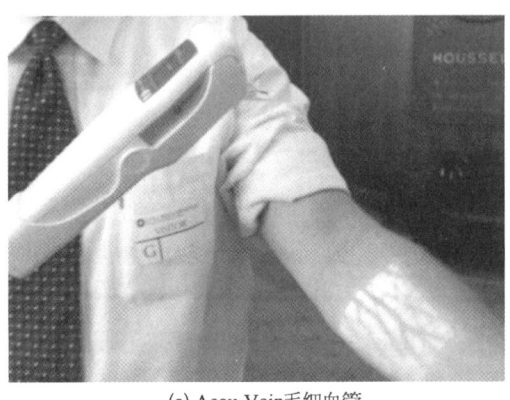
(a) Accu Vein毛细血管

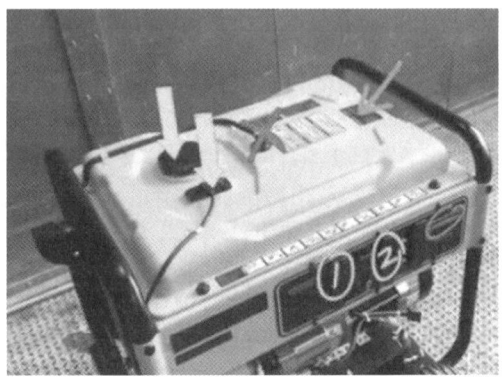
(b) Scope AR在布置场地中的应用

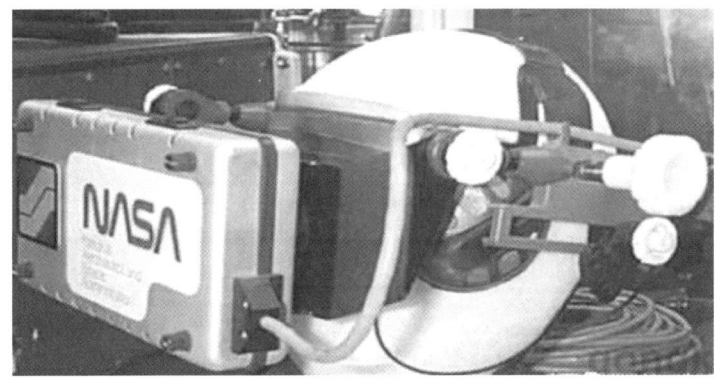
(c) NASA火星表面模拟器

图 8-5 AR/VR 技术在医疗、建筑和航空航天等各行业中的应用

8.3 AR/VR 技术在智慧港口中的应用

AR/VR 技术在游戏娱乐等行业中逐渐普及,这项新技术也越来越多地应用于工业行业中,在港口行业也得到了越来越多的应用。在港口方面的主要应用被称为基于虚拟现实的港口集装箱仿真系统,主要有虚拟港口实习基地培训系统、港口危险品的数字化平台监管和虚拟现实的港口机械的仿真等方面。

8.3.1 智慧港口港机操作及港口业务培训

随着越来越多新的科学技术在港口得到有效应用,许多传统港口业务在工作流程和员工能力需求上都发生了巨大的变化。例如在传统的码头岸边理货业务中,需要理货员具备相关的理货能力,掌握理货六要素,即装卸船的箱号、箱型、铅封、残损、危险品箱标记和装船箱的船箱位;监控码头卸船、装船的箱子是否符合实际船图;核实确认集装箱外表状况、铅封状况;汇总进口卸船数据、记录并制作完整出口船图。而对于智慧化的集装箱港口,正在逐步推广基于OCR技术的智能理货系统,该系统通过摄像头、视频监控和智能识别等手段,即可完成对集装箱的远程理货作业,使得港口集装箱理货工作效能至少提高100%以上。例如,太仓港正和集装箱码头有限公司已经投入使用的智能桥边理货系统,据统计,智能桥边理货系统实施后,各操作员可在中控室同时完成对多台桥吊的理货作业,每年可节省1700万余元的人工成本。然而在大幅提升理货员的工作效率、降低作业成本的同时,还需要理货人员通过培训掌握熟练操作智能理货系统的信息化能力。

对于传统理货培训而言,一方面,现场环境恶劣,学员在现场培训存在安全隐患并且可能会影响码头工作的正常进行;另一方面,教室书面培训讲解的知识抽象枯燥,培训效果大打折扣。对于智能理货培训而言,由于智能理货系统工位数量极大减少,难以进行集中培训,且智能理货系统一般全天候处于作业状态,并没有多余时间来辅助码头进行员工的培训任务,如果强行在作业过程中插入培训,则会对码头的生产作业带来极大的安全风险。

要解决以上培训、安全隐患、生产作业三者之间的矛盾,VR技术则是最好的途径之一。借助基于VR技术的智能理货培训系统,可快速搭建现场理货或者智能理货的作业环境,通过动态随机生成不同的集装箱数据、机械故障及灾害,可以模拟各种理货工况,能够让理货培训学员快速掌握不同工况下的操作及应对处理方式。通过这种方式,不仅能够传授传统现场理货培训和智能远程理货培训的主要学习内容,而且还能够使教学身临其境,与实际理货有效衔接,减少了员工的上岗培训的时间,降低了培训成本,避免了因员工由于对设备不熟悉而引起的不当操作带来的安全隐患问题。智能理货培训系统如图8-6~图8-9所示。

图8-6 智能理货培训系统虚拟作业场景

图 8-7　学员借助 VR 培训系统了解码头理货作业

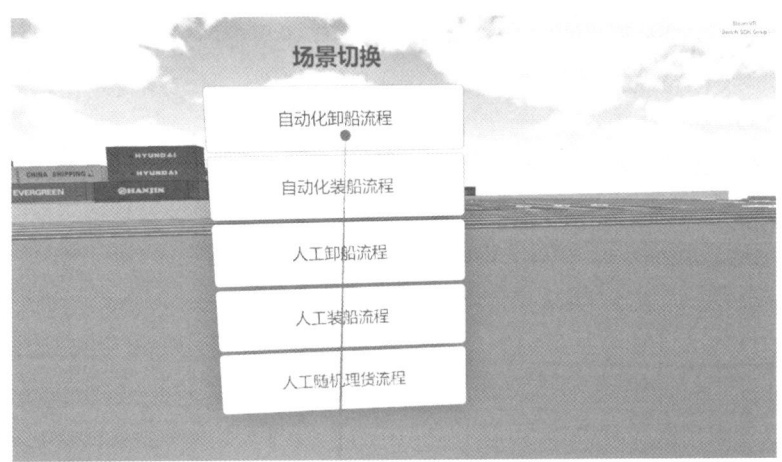

图 8-8　智能理货系统模式切换

图 8-9　传统现场理货作业任务演示

智能港口是未来码头发展的必然趋势,智能理货是智能港口的重要部分。通过智能理货、可视化影像等新技术实现码头集装箱作业全程监控、装卸信息实时比对、自动核销和验残电子化等工作。这些先进的技术也决定着智能理货设备的价格成本,因此通过 VR 技术来制作虚拟教学系统,针对智能理货系统的设备和现场理货工作流程来进行员工培训,是目前经济效益最高的培训方式之一。

8.3.2 智慧港口三维可视化监管

智慧港口三维可视化监管依托 VR 技术、物联网等技术,构建港口的堆场、仓库、泊位、集装箱、船舶和设备设施等的三维可视化,将整个港口的生产作业和安防作为监管重点,集成视频监控、码头泊位管理、堆场管理、仓库管理、传感器管理、应急响应、灾害演习、大数据分析和辅助决策等系统,构建港口的三维展示、监控、告警、定位和分析一体化的三维可视化平台,达到数据全面集成、信息直观可视、预警实时智能、处置规范高效等效果,为智慧港口实现扁平化、集约化运作发挥强大的作用。

上海港城危险品物流有限公司借助于危货箱堆场三维监控系统,实现了危险品信息实时化、可视化、警示化,提高了港口危险货物安全监管水平和应急救援能力。该三维系统采用了 VR 技术,结合人工智能算法,具备堆场危货箱堆存监管、视频监控、冷藏箱温度监管、气体泄漏监管、电子周界监管、风速风向监管、仓库危货监管、建筑物标识管理、风险评估及灾害响应和消防演习等众多功能。通过该系统能够辅助港城监管人员更加精确、高效、科学地对堆场危险货物集装箱(图 8-10)进行管理、监控及应急救援等。

图 8-10　危险货物集装箱

得益于 VR 技术,该系统主要有以下几个方面的特点:

1. 接近实物的三维模型呈现

通过对堆场上的标准箱、油罐箱、冷藏箱和高低箱等危险货物集装箱及仓库中堆场的各类拆箱后的危险货物等监管对象进行建模及三维渲染,同时将堆场内所有的建筑、设备设施、道路和地形环境等都进行等比例的还原及展示,目的是为相关部门的监管人员提供一个逼真的虚拟监管环境和为之后 VR 虚拟平台的运行搭建基础。如图 8-11 所示,工作人员可以通过 VR 虚拟平台查看场景中各集装箱的箱号、箱位、箱型、危类、联合国危险货物编号(UN 号)、重量、进场时间、堆存天数、货物描述、所属港区及危险性质等实时信息。同时工作人员还可以在虚拟平台进行集装箱的快速查询、统计和定位等实用功能。如图 8-12 所示。

图 8-11 危险货物集装箱堆场三维监管全景

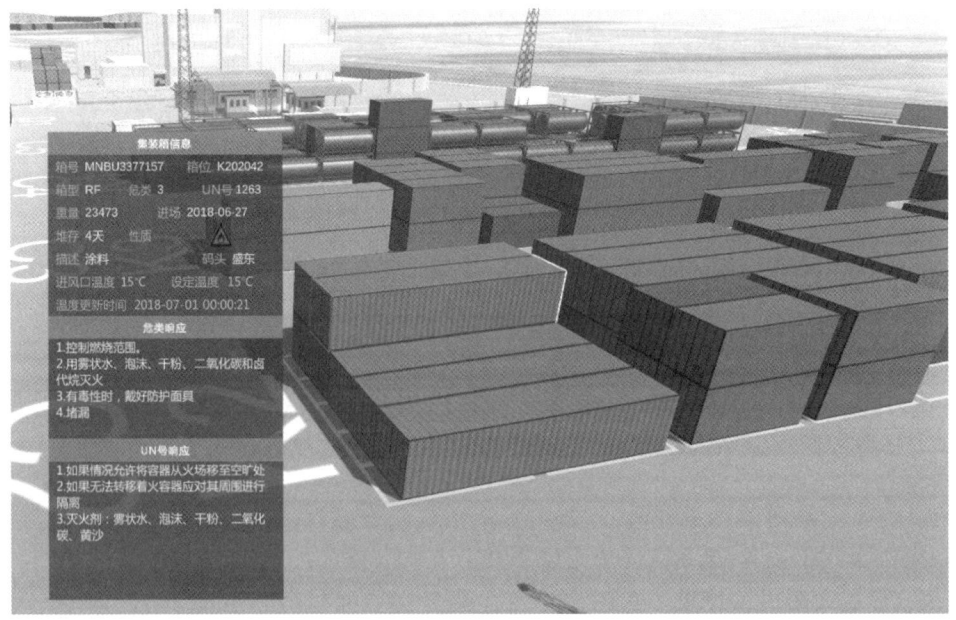

图 8-12 查询危险货物箱基本信息

2. 能够实现多维实时监控

通过对接港口的大量监控传感器或报警系统，其中包括多台监控相机和 NVR 设备、风速风向仪、冷藏箱温度传感器、气体传感器和周界报警系统等，实现了虚拟平台的监控功能。同时，通过各种通信及数据库技术，系统能够实时同步更新这些监管数据信息并进行对应的响应处理。危险气体传感器数据监管如图 8-13 所示。

图 8-13　危险气体传感器数据监管

3. 专业的信息提示

系统具备专业的危险货物集装箱监管知识库，覆盖了所有九类危险等级及 UN 号的危险品。不仅能够按照指定的危类或 UN 号来检索、查询集装箱的位置及相关信息，还能够针对这些危类或 UN 号实时生成对应的处置及应急响应信息并直观显示在界面上，辅助监管人员完成处置响应操作。虚拟仿真与安防相机联动如图 8-14 所示。

4. 友好的交互操作

除了能呈现直观的三维场景信息外，系统还针对三维呈现的特点简化了大量繁琐的操作流程，使得监管操作人员能够快速、便捷地完成监管操作。并且，除了能够使用传统的鼠标键盘来完成整个操作流程外，还能够接入摇杆手柄等外部设备来完成。

智慧港口三维监管平台的开发和使用，能够对港口集装箱和货物基础数据资源进行有效的整合与配置，从而实现对基础数据资源的数字化、可视化管理，进一步推进地理信息服务平台建设，实现港口公司行政管理部门和工作人员之间数据资源的连通和共享。同时，也可以通过 VR 虚拟平台实现突发事故的模拟和应对突发事件的处置能力的演练，从而提高了码头公司对危险品集装箱的监管水平及监管效率，降低了对监管人员的专业要求，降低了监管的人力成本及经济成本；同时保证了港口安全监管的顺利进行。通过虚拟平台进行消防演习及应急处置如图 8-15 所示。

图 8-14 虚拟仿真与安防相机联动

图 8-15 消防演习及应急处置

8.3.3 智慧港口机械设备联动仿真

近年来,随着计算机仿真软件的发展,利用计算机对智慧港口提出的某些新工艺、新规划、新设备进行仿真模拟,可为智慧港口的决策者及自动化港机设备的设计人员提供决策的依据。仿真技术在港口规划、港口作业方案设计、港口作业调度和港机设备测试等方面正发挥着显著的作用。例如,针对自动化码头系统设备的研究及调试,可以在办公室内利用仿真平台,运行设计人员完成的各个项目软件,以测试软件的准确性、完整性和稳定性等各项性能,从而减少甚至避免现场的测试修改。仿真平台测试的软件覆盖设备调度系统 ECS（内含 QCMS、BMS、VMS 等）、起重机自动化控制器程序（包括 QC ACCS、ARMG ACCS、AGV ACCS 等）、起重机 PLC 程序（QC、ARMG、AGV 等）。港口远程操作控制台如图 8-16 所示。

图 8-16　港口远程操作控制台

然而完全基于软件仿真的开发过程，开发过程中只是实现系统结构及原理、算法的验证，最终样机硬件系统的性能难以保证，一方面系统硬件部分未进行仿真测试，另一方面往往会出现软件代码甚至代码运行硬件环境不可靠等问题，最终导致项目周期和成本增加，甚至还可能导致项目以失败告终。

因此，需要将软件仿真与真实硬件控制器（传感器、PLC 控制器、远程操控台等）相结合，进行联动仿真，在确保部分实际作业过程中必备的硬件或软件环境后，提高仿真软件参与比例，从而在保证测试结果准确性的同时，最大限度地降低自动化码头港机设备的测试成本、缩短测试周期。

国内某知名港机自动化企业借助堆取料机虚拟仿真系统，实现了堆取料机远程操控台与仿真平台的联动作业调试。堆取料机的远程操控台安装于中控室，它通过 Modbus 协议能够与虚拟仿真平台中的 4 台堆取料机中的任何一台通信并对其进行远程操控，而同时其他 3 台则通过虚拟仿真平台的 AI 模块进行自动化控制，实现远程操作台和仿真平台 AI 模块对堆场中所有堆取料机的协同联动控制，从而为堆取料机自动化控制系统和堆取料机远程操控系统提供在实验室即能进行设计、研发及调试的仿真环境，避免了实地样机实验的资源浪费和安全风险。堆取料机协同仿真虚拟实景如图 8-17 所示。

同时，当系统需要控制的港机对象或者对象部件机构发生变化时，只需要对三维虚拟场景中的虚拟港机模型进行修改调整，即可重新建立物理模型和动力学模型，再运用 VR 技术进行模拟实验，工作人员只需在操作室控制虚拟平台就可以得到堆取料机在码头各个工况工作过程中的动态性能，从而提高了产品的研发效率、降低了成本。

该堆取料机虚拟仿真系统有以下特点：

图 8-17 堆取料机协同仿真虚拟场景

① 虚拟远程摄像头(图 8-18)。通过该技术可以实现同屏多监控区域跟踪、某摄像头监控区域重点放大、全景摄像头切换等,这些优点使该虚拟系统更加真实地反映现场和有利于实验的观察。

图 8-18 虚拟远程摄像头

② 多机控制。通过远程操控平台的控制切换按钮、手柄及其他功能按钮,可实现同一虚拟场景中所有机械设备的控制,也可以实现多操控平台对同一虚拟场景中所有机械设备的联动。

③ 丰富的虚拟传感器,如虚拟雷达、虚拟限位、虚拟编码器、虚拟流量秤和虚拟故障等。所有虚拟传感器的状态信息均可反馈回后台主控 PLC,以便其执行对应逻辑。添加多种虚拟传感器有利于更准确模拟真实现场的工作情况。

④ 真实的运动学模型和物理特性。运动学模型包括主要机构的动作、传送带的动作和取料及抛料时料堆形态变化等;物理特效包括重力、阻力、惯性和摩擦等各种物理效果,而且还包括机构、料堆粒子、其他货物的自由落体、碰撞、倾覆、翻滚和振动等物理特效。料堆动态生成如图 8-19 所示。

图 8-19 料堆动态生成

⑤ 防碰撞检测。碰撞检测的区域有三维球体、三维立方体和其他不规则区域等,碰撞检测对象所有实体均可参与,而且各个实体的分层检测逻辑互不干扰。堆取料机斗轮的虚拟传感器碰撞检测如图 8-20 所示。

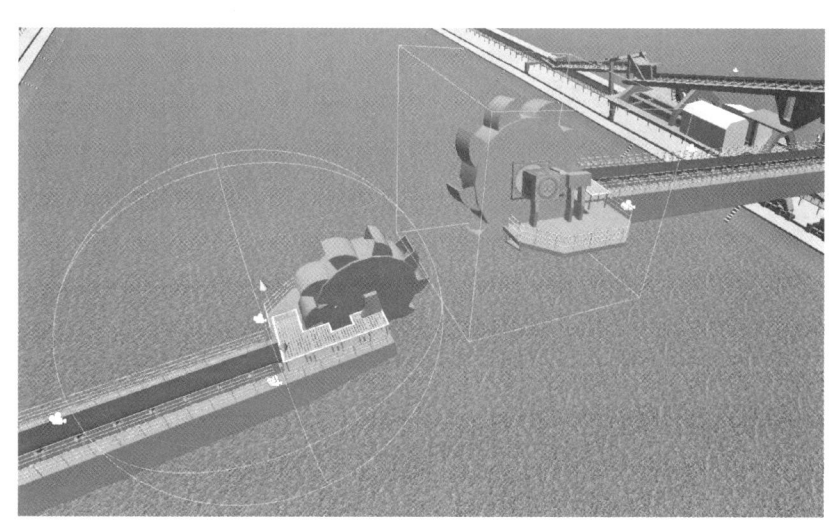

图 8-20 堆取料机斗轮的虚拟传感器碰撞检测

⑥ 丰富的通信协议,包括 OPC Server、Modbus、TCP/UDP、Profibus 和其他可编程的通用标准协议等。通过这些协议能够实现主控 PLC 对虚拟远程平台的各机械设备的实时控制和各虚拟机械设备将其传感器及状态信息实时反馈给主控 PLC 等功能。

8.3.4 AR 技术助力智慧港口

AR 是一种全新人机交互技术,人看到的场景是通过 AR 设备进行技术处理后呈现出来的,它是基于现实环境叠加数字图像,同样具有一些动作追踪和反馈技术。AR 技术在智慧港口的使用目前还处于小范围阶段。得益于摄像头和智能识别技术的广泛使用和迅猛发展,在未来AR技术必将被广泛运用到智慧港口的各个方面。

港口作业环境恶劣,各种港机设备大多数时间都处于连续高负荷作业状态,机械发生故障的概率随之增大,所以码头机械设备的维修花费和维修时长是码头公司必须要考虑的成本。港口机械错综复杂、各种各样,随着码头智能化进程加快,设备的更新换代时常发生,这给维修人员带来很大的挑战。在这种情况下,即使很有经验的维修人员也难免会有一些不能很清楚判断故障原因和快速维修好的情况。针对这种情况,在码头机械设备的维修过程中引入AR技术就可以很明显地缩短维修周期。

这项技术可以让工作人员通过手机摄像头或智能眼镜识别设备对应数据库的唯一标识码,就能快速从数据库中调出该设备的运行参数、维修情况、内部结构(图8-21)、故障原因和故障处理等一些工作人员需要的信息。为了实现虚拟设备信息和真实设备场景的同屏显示,要求虚拟的设备信息与真实设备在三维空间位置中进行配准注册。这主要通过跟踪技术来实现,利用移动设备摄像头检测设备的特征点及轮廓,跟踪物体特征点自动生成二维或三维坐标信息,与虚拟信息的位置需要相对应,最后通过调取数据库的设备信息,将可能发生的故障和维修故障方法显示在该位置上。

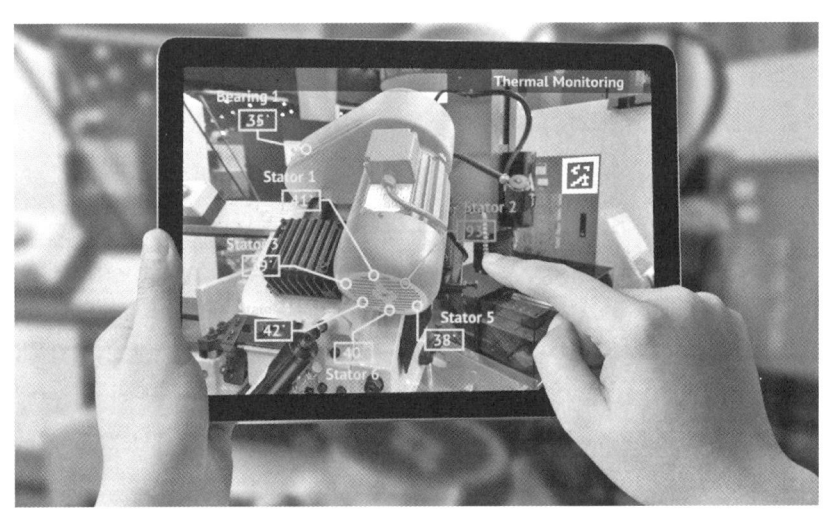

图8-21 利用AR技术查看机械内部结构

通过这项技术,极大地缩小了可能发生故障的范围,这时维修人员只需结合VR提供的数据和自己的维修经验,就可以判断出故障原因和确定维修方法(图8-22)。如此能够极大地减轻工作人员的工作强度,比如对设备的维护就不需要一页一页地去翻找维修记录和故障诊断说明,进而提高了工作效率。

AR技术的另一个应用就是导航系统,该技术作为一种创新的交互方式,给地图导航带来了新的思路。与传统地图导航不同的是,车载AR导航首先利用摄像头将前方道路的真实场景实时捕捉下来,再结合汽车当前定位、地图导航信息及场景AI识别进行融合计算,然后生成虚拟的导航指引模型,并叠加到真实道路上,从而创建出更贴近驾驶者真实视野的导航画面,大幅降低了用户对传统二维或三维电子地图的使用成本。高德地图AR追踪导航如图8-23所示。

图 8-22 利用 AR 技术处理设备故障

图 8-23 高德地图 AR 追踪导航

该技术同样可应用于智慧港口，为各作业机械和运输机械提供辅助追踪、识别及导航的能力。例如，对于当前港口的外集卡车辆来说，由于码头的作业路线复杂和司机不了解全部已知路况信息，往往容易导致安全事故的发生。为了避免司机进入码头因未能及时获取码头的道路信息而发生拥堵等交通事故，通过将 GPS/北斗与 AR 技术相结合提高集装箱卡车导航的安全性，使导航信息更加全面。这是一个全息的 AR 导航系统，它会随着卡车周围环境的变化不断更新地图信息来提供导航，在出现事故的路段自动选择最优路径等。司机无须配备头戴式设备就可获得生动、精确的全息图像。该技术可根据车速精准地显示车辆行驶方向，并通过安装在仪表板上的显示器将导航的指示箭头投射到道路上，让司机在不分心的情况下使用导航，进而实现了安全驾驶。通过引入 AR 导航模块，可以使港口更加智能化和作业效率的安全性大大提高。

总的来说，虚拟现实技术在我国零售、建筑、旅游、教育、医疗、军事和休闲娱乐等众多各领域均得到了有效应用,在港口航运行业也有着巨大的发展潜力。行业的发展需要商业的推动,从 2016 年以来,谷歌、苹果、Facebook 和联想等科技巨头纷纷布局这一领域,主要为消费者提供沉浸式的 AR/VR 设备和为客户提供开发过程所需的 AR/VR 解决方案。这充分说明了 AR/VR 虚拟技术有着巨大的市场和待开发的空间。就目前来看我国虚拟现实技术开发依然处于摸索阶段,相信不久的将来虚拟现实技术将进一步渗透到我国各个产业中,并在其中发挥举足轻重的作用。

第9章

智慧港口与系统仿真预演

9.1 系统仿真概述

在人类已知世界中,大至浩瀚宇宙,小到原子内部微观世界都可以用系统来描述。系统分类如图 9-1 所示,在系统论中天文系统及微观系统通常可定义为量子系统,社会、经济、生态系统及机械、电子电路、流体等可归纳到连续系统研究范畴,军事、工业和交通物流等通常属于离散系统。系统仿真就是根据系统分析的目的,在分析系统各要素性质及其相互关系的基础上,建立能描述系统结构或行为过程的、具有一定逻辑关系或数量关系的仿真模型,据此进行试验或定量分析,以获得正确决策所需的各种信息。

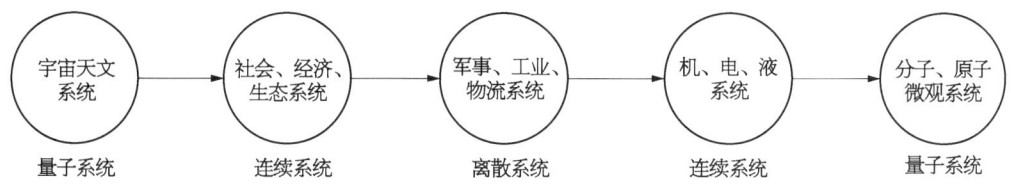

图 9-1 系统分类

港口物流系统仿真主要研究港口物流组织、运作与管理,属于典型的离散事件仿真(Discrete Event Simulation,DES)。离散事件系统通常包含以下几个要素:实体、属性、活动、事件及状态变量。实体是系统中的主体对象及组成部件;属性描述实体的特征;活动描述主体的行为;事件是指可能改变系统状态的即时发生的事情;状态变量表示系统中变量的集合。港口离散事件系统仿真,即是通过研究港口离散系统中各类物流实体,如岸桥、场桥、集卡和 AGV 等在生产作业过程中的各类属性、活动、事件及状态,建立离散事件仿真模型,据此进行试验或定量分析,以获得正确决策所需的各种信息。例如,可通过港口物流系统仿真分析港口物流系统能力、系统瓶颈、资源配置合理性和管理决策方法优劣等。

港口系统仿真还包括大型港机装备中机、电和液等系统连续仿真。最常见的应用有通过有限元仿真技术,分析优化大型港机装备机械设计;通过西门子、达索等专业工程仿真软件,进行电控系统、液压系统等大型装备控制系统的仿真分析与优化等。

工业 4.0 时代下,随着人工智能技术深度发展,在可预见的未来,由于仿真模拟天生具备的强大时间与空间拓展能力,系统仿真技术必将与人工智能技术融合,深度影响未来军事、工业与物流等领域的发展。

9.2 系统仿真发展现状

主要离散事件系统仿真软件开发于 20 世纪 80 年代末至 21 世纪前十年,见表 9-1。20 世纪 80 年代末至 2006 年这十几年是商用仿真软件发展的一个高峰期,在此期间,一方面是伴随着产业大转移的全球化背景,西方发达国家脱离繁重的工业生产,转向附加值更高的服务业;另一方面则是计算机技术的突飞猛进使得复杂的系统仿真软件能够普遍流行。2010年以后，第四次工业革命（智能制造）大潮来袭，以西门子与达索为代表的工业软件巨头，开始布局从产品设计到维护全生命周期的智能制造平台，并不断在全产业链收购、融合各环节基础工业软件。离散事件系统仿真软件也在这个阶段面临巨大冲击，要么被收购要么开始专注于一些独特的领域。

表 9-1 主要商用离散事件仿真程序开发时间及开发公司

软 件 名	开 发 年 代	软 件 开 发 商
ExtendSim	1988 年	ImagineThat Inc 公司
Plant Simulation	1992 年	Simple++，Adsop/Technomatix/KG 公司开发，后被西门子收购
Arena	1993 年	System modeling 公司
Simul8	1995 年	英国 SIMUL8 公司
AutoMod	1996 年	AutoSimulations Inc 公司
ProModel	1996 年	ProModel Corporation 公司
FlexSim	1998 年	F&H 公司，后被 Flexsim 公司收购
Anylogic	1998 年	圣彼得堡技术大学 DCN 研究组
Witness	2001 年	英国 Lanner 集团
MicroSaint	2003 年	Micro Analysis&Design 公司
Quest	2003 年	Delmia Corp，后被达索集团收购
Simio	2006 年	Simio LLC 公司开发

值得注意的是，近年来，随着计算机技术、网络通信与人工智能等新技术发展，一些研究团队也在不断探索开发适用于最近技术发展的离散事件仿真程序包。例如 Okan Topçu 团队开发的基于高层体系结构 HLA 自动化建模工具 SimGe，可快速实现 HLA 建模，通过分布式仿真实现控制、管理与仿真等不同结构系统整合。Ucar 团队则开发出了可以使用 R 语言的离散事件仿真程序包，以适应大量熟悉 R 语言的开发人员。新加坡国立大学与上海海事大学基于.net 离散事件仿真框架 O2DES 开发智慧数字孪生平台，致力于将离散事件仿真与网络化、智能化、可视化最新技术结合，实现智慧数字孪生系统应用，该项研究目前在自动化集装箱码头 TOS、ECS 与三维实时仿真相结合方面取得重要进展。

在应用方面，最初的仿真技术是作为对实际系统进行试验的辅助工具，而后用于训练的目的，现在仿真系统的应用包括航天、航空、军事、电力、交通运输、通信、化工、核能、汽车和船舶等行业，主要用于系统概念研究、系统可行性研究、系统的分析与设计、系统开发、系统测试和评估、系统操作人员培训、系统预测、系统使用与维护等方方面面。

1. 军事领域应用

离散事件仿真技术在军事领域的应用，首先是军事训练与兵棋推演。分布式仿真系统通过互联网将分散在各地的人、在回路中的模拟器、计算机生成的兵力等连接为一个整体,形成一个可以在时间和空间耦合的虚拟战场。通过分布式虚拟战场仿真实现在和平环境中难以有效进行的战略、战术演练及训练。其次,是新武器系统的研发,尤其是现代仿真技术成熟后,通过分布式仿真系统可以实现离散事件仿真与连续仿真无缝连接,实现多物理领域综合仿真应用。众多复杂武器系统的研发都离不开现代仿真技术,例如航母、潜艇、战斗机和超高音速武器等。再次,是武器装备生产系统、军队后勤保障系统等方面的研究。通过仿真系统,为武器装备等军用后勤保障物资的生产、调配、转运、存储和日常保养等环节进行科学管理服务。最后,离散事件仿真系统还可以为抢险救灾等需要军队支持的社会应急突发事件的调配、部署等决策提供分析和支持。

2. 工业领域应用

由于工业系统的复杂性,离散事件仿真技术已经广泛应用于工业领域中的各个部门,在大型复杂工程系统建设方案研究及系统运行管理过程中发挥着重要作用。

离散事件仿真渗透到汽车制造过程中的方方面面,例如:工厂与制造流水线的设计方案论证,汽车制造过程生产计划、生产线物流配送,汽车上万种零部件的供应链系统设计与管理,汽车全球销售物流网络的设计与管理等。

在海工、港机和船舶等大型装备产业,离散事件仿真技术在产品生产设计、制造过程物料管理、部件吊装与装配及产品装船装车等装卸工艺、产品海运陆运物流工程等方面也发挥着越来越重要的作用。

在电力工业中,随着单元发电机组容量越来越大,系统越来越复杂,对它的经济运行、安全生产提出越来越高要求,离散事件仿真可以在发电站建设方案及运行管理方面发挥越来越重要的作用。同时,对于全国复杂智能电网调配过程中,离散事件仿真技术也可在电力调配与社会生产、城市生活等复杂关系研究中扮演重要角色。

3. 教育培训领域应用

众多复杂又伴有一定经济或安全风险的系统都离不开人员操作与管理。对于这类系统的特殊操作管理人员的教育与培训面临较大困难,例如核电站的操作与运行管理、航空航天发动机试车、大型船舶驾驶和大型港口装备操作等。

与先进武器系统研发相似,通过分布式仿真系统,将离散事件仿真与连续仿真相结合,实现多物理领域仿真集成应用,结合先进的虚拟现实技术,可以实现复杂系统沉浸式、逼真三维虚拟仿真应用。这些仿真应用对于解决带有一定经济或安全风险的复杂系统人员操作、管理培训教育有巨大应用价值。通过虚拟环境操作与管理培训,帮助新员工熟悉与提前体验特殊的作业环境,以低成本,实现零基础学员或员工在心理及操作管理技术上对于特殊工作环境或驾驶操作设备的适应。

多物理领域综合仿真应用,在青少年科普、复杂生物化学反应过程、复杂的虚拟几何和物理等基础教育教学方面,也发挥着越来越重要的作用。

4. 其他领域应用

进入 21 世纪,离散事件系统仿真,尤其是分布式多物理领域综合仿真逐渐渗透到医疗、通信、社会、经济和娱乐等多个领域。近年来,医院的运营管理成为该领域研究热门,例如,构建人群随机移动模型可以有效模拟大型医院各类排队及服务系统,医院医疗资源的合理配置也是众多关注焦点之一。交通运输行业中交通网络规划、交通管控制方法仿真等一直是离散事件仿真技术重要研究方向。对于港口物流而言，离散事件仿真更是其中不可或缺的重要研究手段。

9.3 系统仿真在智慧港口中的应用

离散事件系统仿真在港口物流中具有广泛应用，例如对港口海陆交通网络系统研究、港口大型装备综合仿真、港口设备操作人员培训、港口操作管理系统评估与优化等。本节将以离散事件系统仿真在集装箱码头规划设计中的应用为例，介绍离散事件系统仿真在港口中的应用。这些应用主要来源于新加坡下一代港口挑战赛中超大规模集装箱码头方案设计与仿真、以色列海法港自动化集装箱码头设计方案仿真模拟及阿联酋阿布扎比港自动化集装箱码头设计方案仿真模拟。

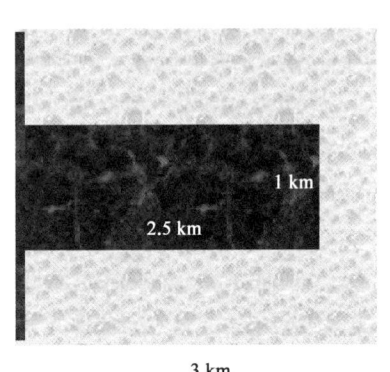

图 9-2 区域示意图

新加坡下一代港口挑战赛是在一个长 2.5 km、宽 1 km、三面向海、1 km 宽边连接陆地的长方形区域内，设计一个年吞吐量为 2 000 万 TEU 的自动化集装箱码头，区域示意图及最终设计方案如图 9-2、图 9-3 所示。该方案的突出特点是：第一，通过双层结构，充分提高码头箱容量、水平运输能力；第二，通过三小车岸桥，实现双层码头岸边装卸，并突破单位岸线吞吐能力，加速船舶装卸作业；第三，通过智能电网、太阳能等绿色能源系统及配备重量平衡装置 ARMG，实现大规模设备集群节能减排；第四，通过大规模物流中心与超大规模集装一体化结合，极大提高港区物流集散能力。系统仿真技术，在对设计方案整体吞吐能力、岸边装卸系统、水平运输系统、箱区装卸系统和闸口集散系统等优化与验证方面发挥着巨大作用。例如，在该案例中，通过系统仿真技术论证所提出设计方案，不仅满足

图 9-3 新加坡下一代港口挑战赛设计方案示意图

年吞吐能力超过2000万TEU,还可以在给定船舶到达规律下,实现93%船舶准点靠泊率(2 h内)和土地生产率1 768 TEU/公顷/h,比鹿特丹Euromax码头提高185%,比ETC Deta码头提高321%。

以色列海法以色列海法港自动化集装箱码头设计方案仿真,是应中交第三航务工程勘察设计院有限公司委托,针对以色列海法港自动化集装箱码头设计方案进行能力仿真论证,主要研究目的包含以下几个方面:研究现有设计方案下,码头整体作业所能支撑的岸边装卸能力及码头年吞吐能力;研究码头水平运输能力及设计方案下主要道路与交通路口压力;研究码头箱区装卸能力;研究闸口通过能力及各闸口车辆排队情况。以色列海法港自动化集装箱码头设计方案示意图如图9-4所示。

图9-4 以色列海法港自动化集装箱码头设计方案示意图

阿布扎比港位于阿联酋中部沿海的一个小岛上,有桥梁和海堤与陆地相连,东邻扎伊德港。该港主要为阿布扎比服务。阿布扎比工业以石油化工为主,还有天然液化气、炼铝、塑料制品、服装及食品加工等。阿布扎比现代化工厂林立,交通方便,商业兴旺,也是旅游胜地。阿布扎比港自动化集装箱码头设计方案仿真分析研究与以色列海法港自动化集装箱码头仿真分析研究类似,是在给定规划设计方案基础上,论证设计方案整体服务能力。仿真分析内容包括码头整体吞吐量能力、水平运输道路网络能力、水平运输设备配置方案下的作业能力、箱区配置方案下的装卸能力、闸口通过能力及各闸口车辆排队情况。

本节后续部分将综合这些自动化集装箱码头规划设计仿真案例,介绍港口中系统仿真应用。

1. 码头整体能力研究

码头总体能力仿真分析,主要是在假定不同设备配置(岸桥、场桥、水平运输设备)前提下,综合考虑整个码头现有设计方案,模拟整个码头作业,以评估码头实际能支撑的岸桥综合装卸效率,进而评估码头的年吞吐能力。通过对不同布局方式、不同设备配置方案及码头吞吐能力进行投资效益分析,为决策者提供科学决策依据。图9-5为某码头不同设备配置方案下的吞吐能力,图9-6为对应设备配置方案增加设备投资预算的投资回收年限。通过仿真分析与投资收益分析相结合可以为决策者提供科学决策依据,并选择最佳的码头规划方案。

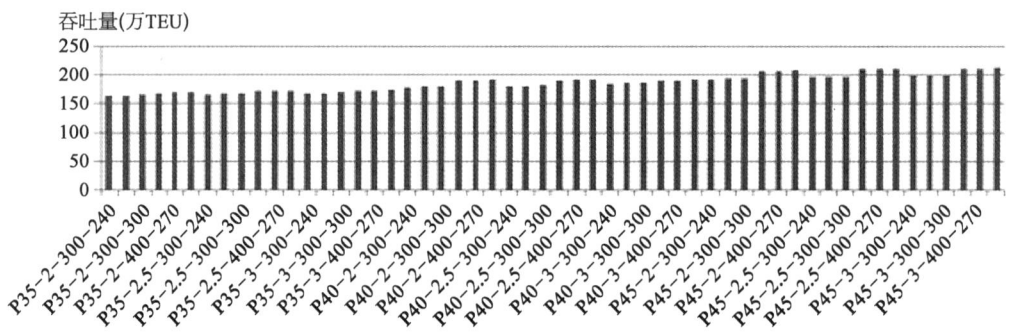

图 9-5　仿真不同设备配置方案下的吞吐能力

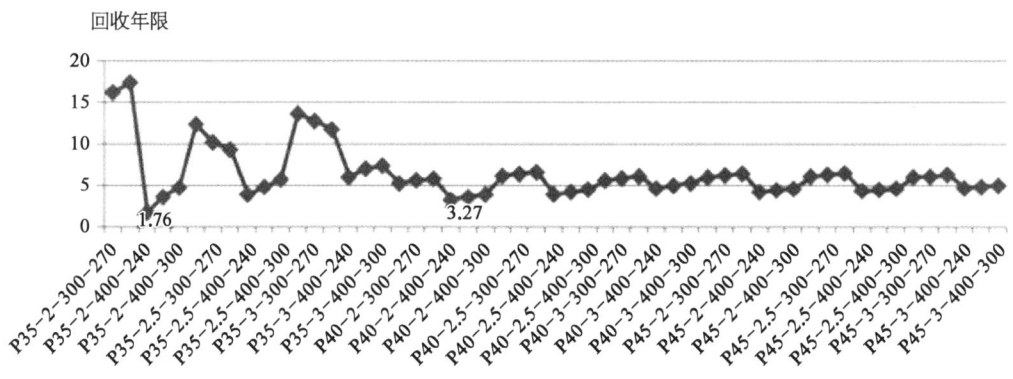

图 9-6　不同方案增加设备投资的回收年限

2. 泊位服务能力研究

泊位服务能力研究是在获取较为合理的岸桥综合作业效率后,假设不同船舶到达分布下,研究泊位服务系统能力及服务质量。该环节研究重点是考察不同船舶到达规律下船舶准点靠泊率和泊位利用率。图 9-7 是不同船舶到达分布规律(可转换为码头

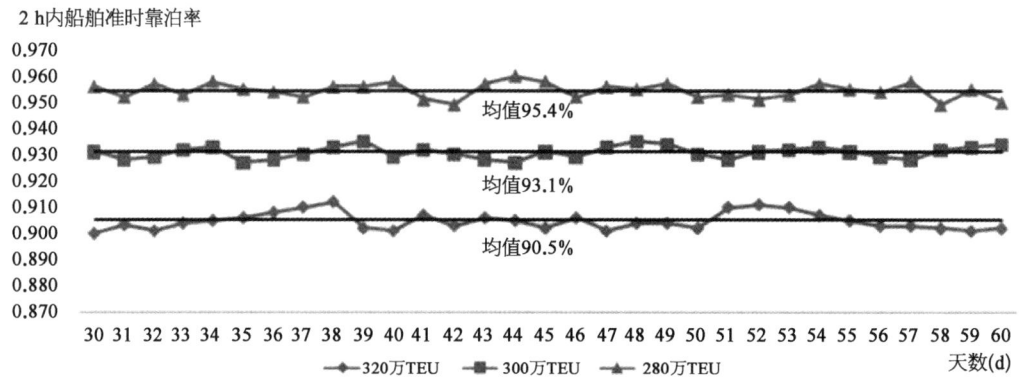

图 9-7　不同船舶到达分布规律下船舶准时靠泊率

不同年吞吐量)下船舶在锚地等待时间不超过 2 h 概率,其中横轴表示仿真中截取的统计天数,纵轴表示船舶 2 h 内准时靠泊率。该指标充分反映了码头的服务水平。

图 9-8 是通过仿真分析得出的码头泊位利用情况,横轴表示占用或有船舶靠泊的码头岸线长度,左边纵轴表示岸线被占用的比例,右边纵轴为累积概率。其中占用率表示岸线被计划或有船舶靠泊时间占比,靠泊率指该岸线有船舶靠泊的时间比例。该指标能有效评估码头泊位资源利用情况。如果所有岸线大概率被全部占用,则表明规划方案下码头泊位服务能力不足。

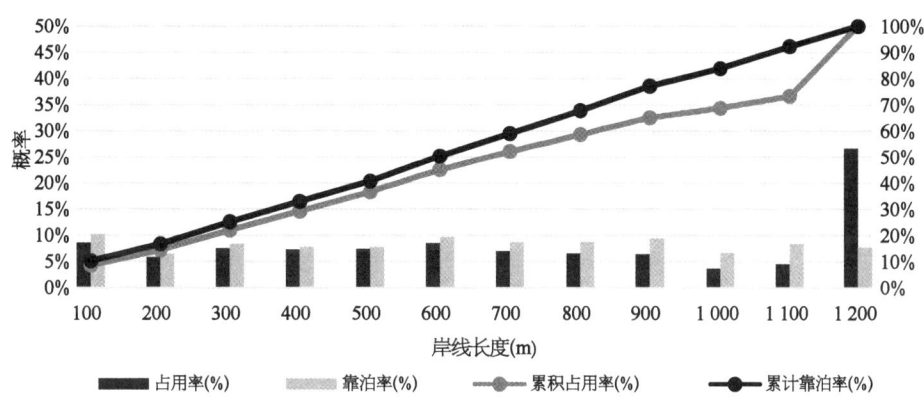

图 9-8 岸线计划占用(占用率)与实际占用(靠泊率)长度概率分布

3. 岸桥利用率研究

与泊位服务能力研究类似,岸桥利用率研究是在获取较为合理的岸桥综合作业效率后,研究岸桥使用情况。岸桥利用率如图 9-9 所示,横轴表示占用或工作岸桥数量,左边纵轴表示该情形出现的比率,右边纵轴是累积概率。11 台岸桥全被占用比率过高表示岸桥配置数量不足。当决策者需要增减岸桥配置数量时,该指标能为决策者提供可靠的决策依据。

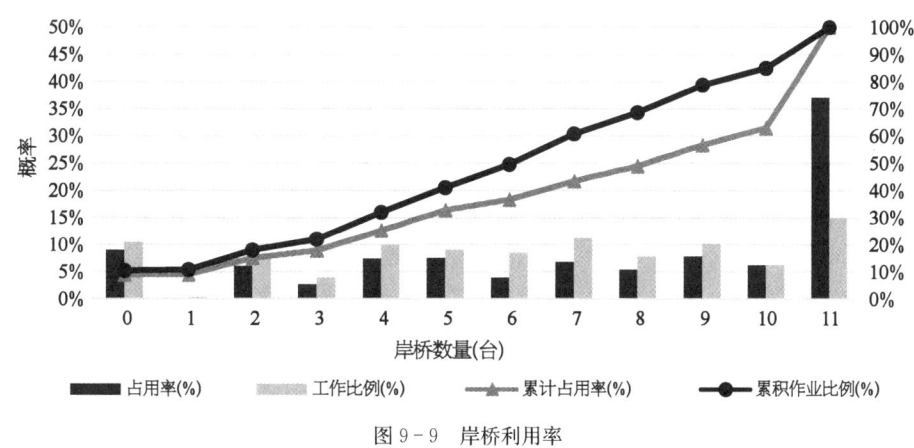

图 9-9 岸桥利用率

4. 水平运输系统研究

水平运输系统研究,主要研究在选定布局方案及岸桥、场桥配置方案下,不同水平运输设备配置系统作业效率。也可以在确定完整设计方案及设备配置方案下,研究不同作业强度下的水平运输系统作业情况。如图 9-10 所示是作业线中不同 AGV 配置数量下各条作业线平均作业效率,该指标能提供较为合理的 AGV 配置数量信息。如图 9-11、图 9-12 分别给出给定设计方案下运输设备平均作业时间及行驶距离,这些指标能有效反映设计方案下水平运输系统作业情况。

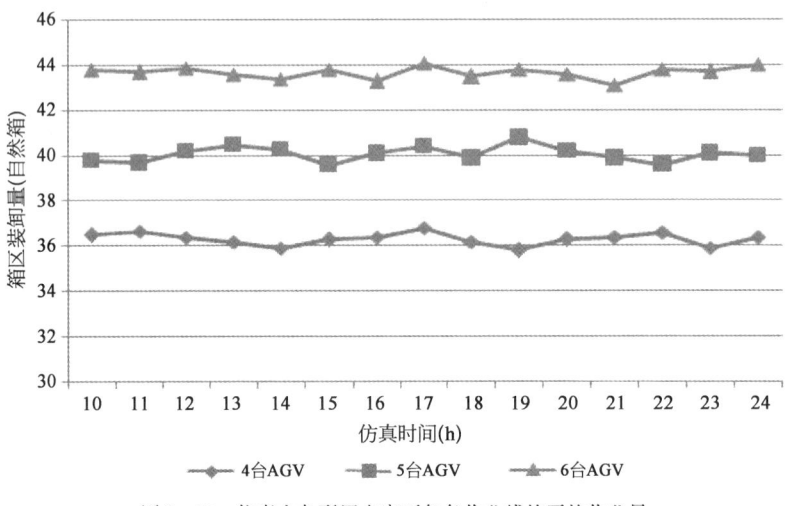

图 9-10 仿真中各配置方案下各条作业线的平均作业量

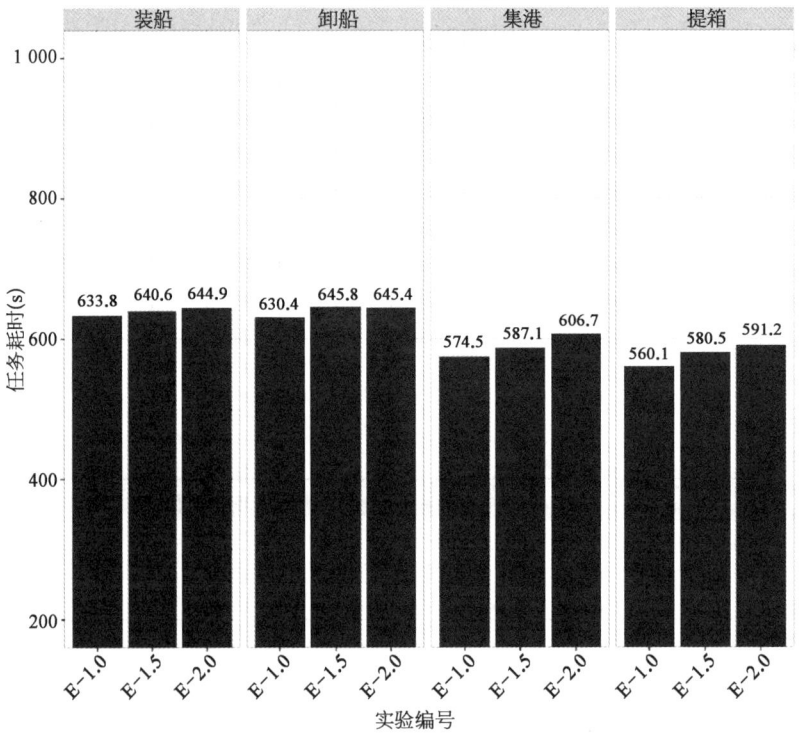

图 9-11 四种基本任务平均作业时间

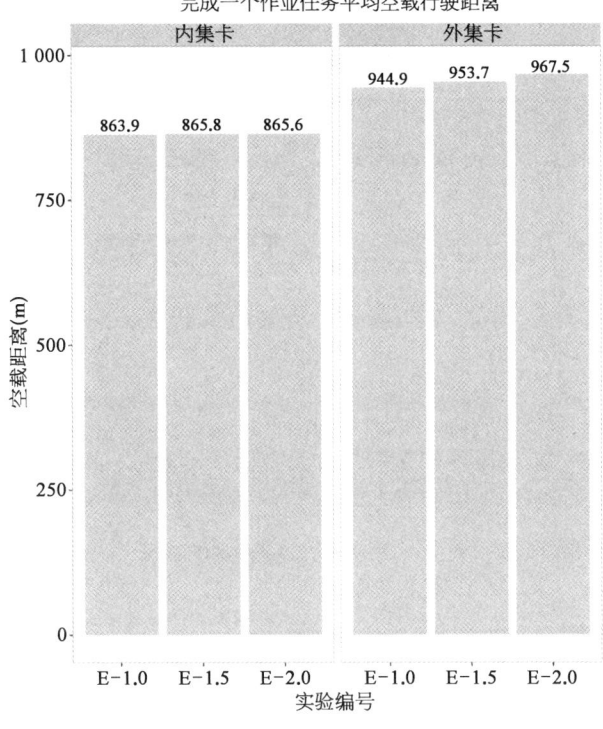

图 9-12 平均行驶距离

5. 交通网络系统研究

交通网络系统研究,主要是研究设计方案下各条交通道路与交通路口的理论通行能力和仿真交通流量及两者的关系。通过仿真中各条道路及路口交通流量分析,可以有效评估设计方案交通网络设计是否合理。同时通过仿真中交通流量与设计通行能力的关系(交通饱和度)可以找出交通网络薄弱环节,为交通网络设计改进提供指导建议。

图 9-13 为某码头交通网络交通饱和度图形化展示。图中不同颜色表示了不同的交通流量,如虚线圈出的部分,颜色较深,表示交通流量超出设计通行能力。

6. 箱区作业能力研究

箱区作业能力研究,主要是研究在给定布局及设备配置方案下箱区海陆侧(自动化集装箱码头)的装卸能力,如图 9-14 所示。该指标能有效评估设计方案场桥配置能力是否合理。对于人工码头,可以通过调节场桥配置数量及设备参数来调节箱区作业能力,而对于自动化集装箱码头而言,由于大多使用轨道式龙门吊,因此主要是通过调节场桥设备参数来满足不同海侧和陆侧的作业需求。由于集装箱码头箱区部分是承接海侧装卸和陆侧集疏运的核心环节,其装卸作业复杂,是码头作业的核心地带,决定了码头真实吞吐和周转能力。因此,通过仿真研究集装箱码头箱区作业能力极为重要。

7. 闸口服务能力研究

闸口服务能力研究,通常是在给定设计方案下,假设不同外集卡到达分布规律,研究外集卡在闸口排队情况及在港滞留时间。通过考察外集卡在闸口排队情况(图 9-15),可

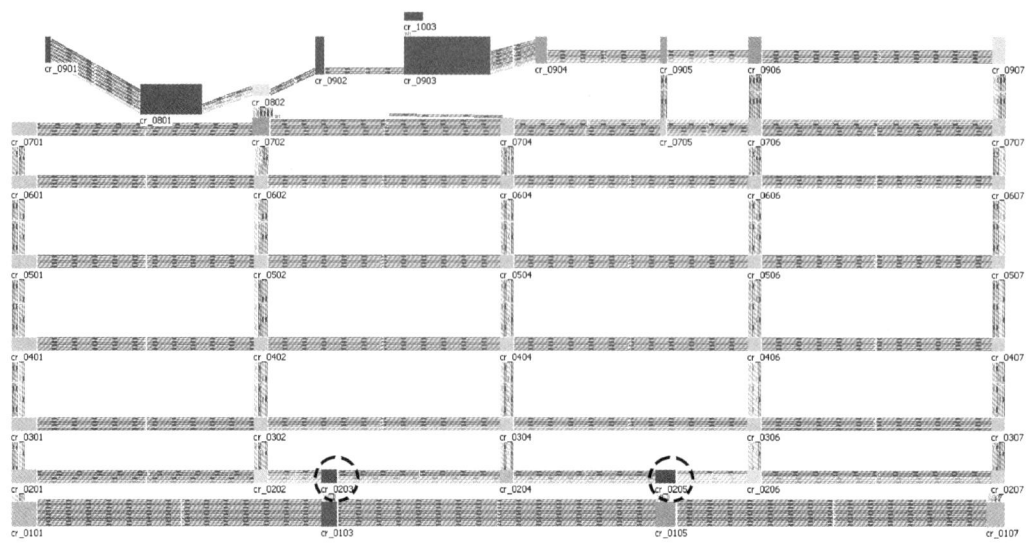

图 9-13 设计方案路网饱和度视图

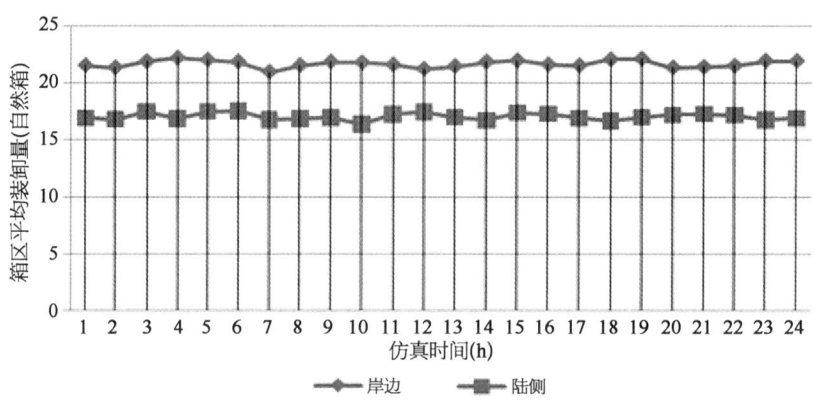

图 9-14 仿真中箱区海陆侧装卸能力(24 h 内)

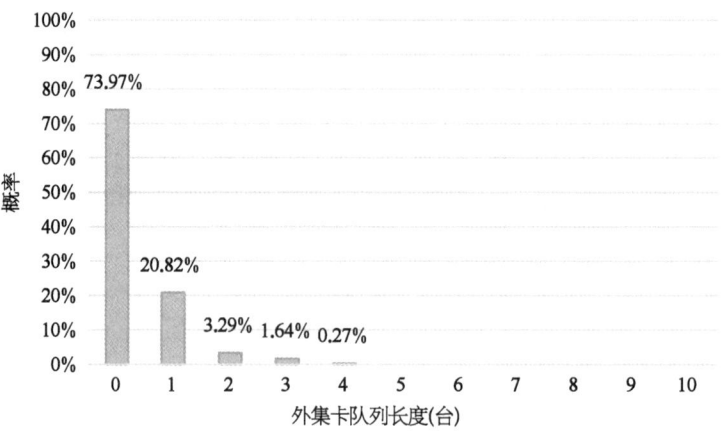

图 9-15 仿真中外集卡在闸口排队情况

以有效评估闸口通行能力是否充足,通过考察外集卡在港时间分布如图9-16所示,则能有效评估码头集疏运系统分布式是否合理。同时,外集卡在港口中作业时间也能反映箱区集疏运的能力。

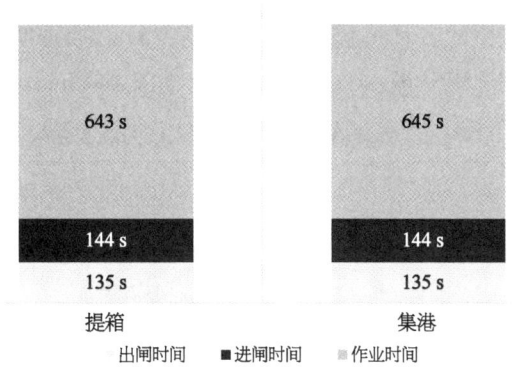

图9-16 仿真中外集卡在港时间分布

9.4 系统预演在智慧港口中的应用

系统预演是指对一个尚未发生的具体系统行为的计算机模拟分析,它是在给定外部输入条件下,观察系统内部具体行为的变化对输出结果产生何种影响。系统预演主要用来分析解决某个具体的业务运作问题,考察构成这个行为的诸多因素在行为过程中的作用。用计算机软件模拟或表示一个物理的或抽象的系统的某些行为特征和进程,在这一点上系统预演和系统仿真是类似的。系统仿真用计算机仿真模型模拟某个系统的功能时,并不要求体现或实现该系统的内部细节行为,只要求在同样的输入下,系统仿真件的输出和所模拟系统的实际输出一致就可以了。比如,分析模拟一个集装箱堆场的堆存装卸能力,系统仿真会给出它的集装箱年通过能力、集装箱峰值通过能力等整体的指标。而系统预演则是用计算机预演模型模拟表达某个系统中各个部件的组成及功能,真实地模拟出系统的运行机制。这就要求系统预演软件的设计者需要非常了解所模拟系统的内部结构和运行机制,能够利用各种数据结构设计出各个组成部件的模型。比如,同样分析模拟一个集装箱堆场的堆存装卸能力,系统预演会通过具体的集疏运子模型、堆存子模型和设备调度子模型等,分析模拟出单船装卸时的集装箱堆场的通过能力和日、周、月堆场动态通过能力等。显然,系统预演分析结果与码头各组成部分的具体运行情况更匹配,对作业流程的优化改善指导价值更大。在一定条件下,这些预演模型可以直接嵌入码头生产管理系统。也可以说,系统仿真是从总体上、宏观上来分析系统的功能和能力,系统预演则是从组成系统的各子结构的实际活动进程来演绎系统的功能和能力。

9.4.1 集装箱码头作业预演系统的架构

为了实现对系统各子结构实际活动进程的模拟,以演绎系统的功能和能力,集装箱码头作业预演系统需要能够模拟实际集装箱码头系统各个细微的作业活动,因此集装箱码头作业预演系统需要有与实际码头生产系统和各组成部分结构相近的层次架构,减少异构性造成的模拟偏差,同时方便系统的集成与实现;另外,由于预演的一大功能是对各子系统实际活动和子系统功能、能力进行评价分析,集装箱码头作业预演系统需要保存及呈现模拟过程中的各种过程数据,因此需要针对数据统计设计专门的数据结构及接口。由以上特性引申开来,集装箱码头作业预演系统的层次架构见表9-2。

表9-2 集装箱码头作业预演系统的层次架构

层 级	内 容
表现层	UI呈现及数据统计API
应用层	系统业务流程
逻辑层	业务逻辑,环境约束
控制层	智能计划,智能调度
数据层	预演TOS,各子系统智能库

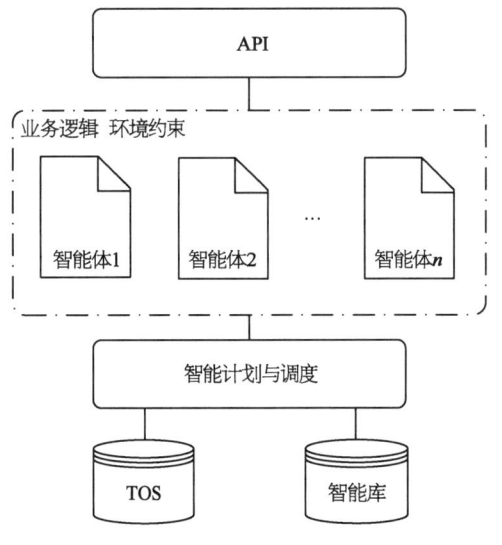

图9-17 集装箱码头预演系统的结构

实际预演模拟过程中,为了获得更接近实际系统的运行情况,模拟实际生产活动中系统各个组成部分的交互和运行,集装箱码头作业预演系统采用了如图9-17所示的结合多智能体的系统结构实现。

实际生产活动中,集装箱码头的各种作业任务通常需要同类或多类设备与计划、调度人员协同完成,智能体在预演系统中扮演的就是带有自主决策能力的设备与操作员的协作结构。例如,集卡智能体,相当于模拟了集卡司机操作的集卡,既实现集卡的执行任务指令的功能,同时又模拟集卡司机在驾驶过程中的微决策,如避让、死锁处理;如果场景换成智能集卡作为主要水平运输设备的自动化码头,此时集卡智能体模拟的就是智能集卡的处理过程,同样具有智能集卡的避让、死锁处理功能。因此,由这种分级多智能体结构组成的预演系统,能够更接近真实的集装箱码头系统的作业情况,获得更好的预演效果。

9.4.2 集装箱码头装船预演实例

根据前文对集装箱码头作业预演系统架构的描述,以装船预演为例,集装箱码头装船预演过程主要由TOS与各类数据库/数据仓库、智能计划与调度及各智能体和智能体所运行的环境约束/业务逻辑组成。本节将忽略数据传输、数据存储等细节,从智能计划与调度及涉及的多种智能体的智能调度与约束方面对集装箱码头装船预演进行描述。

1. 智能计划与调度

① 智能配载计划：根据船公司提供的预配船图和当前集装箱码头的收箱堆存情况决策配载计划，智能配载计划决定了当前需要装船的出口箱的积载位置。

② 智能装船指令调度：根据当前集装箱码头的设备运行情况和堆存情况，以配载计划确定的记载位置为约束，决策当前时段的指令激活。水平运输设备包括场桥和集卡根据指令激活情况经后续调度和控制完成装船作业。

③ 智能集卡调度：根据当前指令激活情况与集卡状态，为需要处理的已激活指令分配集卡，分配完成后集卡到达预定位置即开始与场桥或岸桥进行"握手"继续下一步作业。

④ 智能场桥调度：根据当前场地作业指令分布及当前场桥的位置和作业情况，将待作业的已激活指令分配给具体的场桥，以场桥（智能体）对任务进行进一步调度与分解为场桥动作指令并执行完成指令任务。

2. 智能体的环境约束及微调度

集装箱码头装船预演中涉及的智能体包括场桥智能体、集卡智能体和岸桥智能体。

（1）场桥智能体

场桥智能体根据智能场桥调度分配的具体场桥作业任务，由场桥控制系统对任务指令进行进一步调度与分解，进而产生实际场桥的动作指令，并对这些场桥动作进行执行控制，在某些需要与集卡智能体进行协同的指令动作下与集卡智能体"握手"完成场桥作业任务，并向智能场桥调度与预演 TOS 进行反馈。本节以人工码头预演为例，如果考虑自动化集装箱码头的情况，由于某些场桥任务需要多个场桥的协同调度与控制，在场桥智能体之间应增加对应的协同控制模块居中协同调度，模拟实际生产中的 ECS 系统的部分协同控制功能。

场桥智能体在装船流程中需要考虑以下环境约束：

① 安全作业距离约束：场桥智能体在同一箱区同时作业时，应保持相互距离间隔大于安全距离，保证场桥和集卡的作业安全。

② 穿越限制约束：场桥智能体在同一箱区作业时，不能互相穿越。

③ 箱区最大场桥数量约束：在同一箱区不能同时进入过多的场桥，以免造成箱区内场桥和集卡的作业拥堵，同时多台场桥对场桥行驶的轨道或路基会造成过大的负载，影响作业安全。

④ 场桥吊具小车跨高限制：当待作业的集装箱箱位与集卡间有层高更高的集装箱堆存时，场桥吊具应垂直起升至跨越中间层高更高的集装箱的安全高度后再水平移动，防止作业过程中集装箱相互擦碰，造成作业安全事故。

场桥智能体在装船流程中涉及以下智能调度与控制：

① 场桥任务的优先调度：根据智能场桥调度对场桥作业任务的调度与分配，场桥根据当前箱区状态与待完成的其他任务状态，进行针对自身待完成的所有作业指令的二次调度（该智能决策过程模拟实际人工码头作业中场桥司机对分配给自己的场桥任务的二次调度与自动化码头中 ECS 系统对场桥任务的分解与二次调度）。该调度完成后，生成当前场桥待执行的任务顺序表，后续根据任务优先顺序进行分解与执行。

② 场桥任务动作分解：将场桥任务分解为具体的动作指令，例如，场桥当前位置为 1A020，需执行将 1A0300503 位置的集装箱装载至集卡 T03 的场桥任务应分解为：场桥大车移动至 1A030→场桥小车起升并移动至 05 列→场桥吊具抓取 1A0300503 箱→与 T03 集卡进行"握手"，集卡"握手"通过后→场桥吊具起升并小车移动至集卡作业车道上方→场桥吊具下降对箱并落位至集卡→与集卡进行"握手"，确认落位至集卡，吊具起升。

(2) 集卡智能体

集卡智能体根据当前集卡待执行的任务，分析与决策集卡行驶路径，在行驶过程中执行避让等处理，在安全规则范围内到达目的位置，与场桥智能体和岸桥智能体"握手"完成当前集卡作业任务，并向智能集卡调度与预演 TOS 进行反馈。

集卡智能体在装船流程中需要考虑以下环境约束：

① 避碰约束：集卡智能体在同一路径运动时要避免发生碰撞。

② 避免死锁约束：集卡智能体在同一区块内运行时要避免路径死锁。

③ 安全距离约束：集卡智能体在同一路径内运动时要保证相互间隔大于安全距离，保证特殊情况下的制动空间。

④ 区域最大车辆限制：为了保证箱区等区域内的交通顺畅性和作业安全，通常对每个作业区域进行最大车辆数量限制以控制区域交通流，因此集卡智能体在预演过程中要遵守区域最大车辆限制。

⑤ 同车道穿越限制：车辆不允许进行同车道互相穿越。

集卡智能体在装船流程中涉及以下智能调度与控制：

① 路径控制：集卡智能体根据集卡调度给出的装船指令，按照当前码头交通流状况，决策行驶至目的位置的路径，并在特定节点对路径进行更新。

② 路径死锁检测：在路径发生变化时及时计算路径是否与其他集卡智能体有死锁冲突，如果有死锁重新计算路径。

③ 跟驶控制：在同一路径中多辆集卡智能体向近似目的地同向行驶过程中，控制车流的速度，在保证安全车距的情况下保证跟驶速度，从而提高同行效率。

(3) 岸桥智能体

岸桥智能体按照作业路计划与配载计划给出的作业顺序要求，在装卸作业安全限制约束下与集卡智能体"握手"完成装船作业中的最后装船过程，并在集装箱完成装船落位后进行理货确认流程，向装船指令调度系统和预演 TOS 进行相关信息反馈。

岸桥智能体在装船流程中需要考虑以下环境约束：

① 作业路顺序限制：在一般情况下保证作业路之间的相互顺序性，例如，同作业贝中按照 20 尺（注：1 尺＝33.33 cm）单吊先于 20 尺双吊先于 40 尺单吊的相互顺序进行作业。

② 装船作业船箱位顺序限制：在装船作业过程中，岸桥装船任务的相互顺序应符合装船作业的顺序要求。例如，在舱内装船时，要保证位于同列相对下方的集装箱先于相对上方的集装箱进行装船，保证装船位置不变；在舱面装船除了保证同列相对上下位置集装箱的装船顺序外，还应保证从海侧向陆侧进行"搭楼梯"状作业，保证作业过程中

不进行跨箱作业,从而保证作业安全性。

③ 船舶侧倾和扭矩限制:在装船作业过程中,岸桥作业顺序应保证船舶侧倾和扭矩保持在安全范围,达到安全临界时应调整装船顺序以调整重心和扭矩。

岸桥智能体在装船流程中涉及以下智能调度与控制:

装船顺序重排:根据目前已到达岸桥"握手"区的集卡,对装船顺序进行重排,满足当前装船顺序要求的可装集装箱排在优先顺序进行装船,若无可装集装箱,进行等待。

9.4.3　预演的优化

由于预演可以通过模拟系统的内部结构和运行机制,以各子结构的实际活动进程来演绎系统的微观功能和能力,预演可作为评价工具估计系统在微观场景下的具体成本和效率。而当作为评价工具时,由于评估目的不同,其对应的精度和效率要求也不同。例如,作为成本效率评估工具对决策结果进行评价比较时,通常要求评价工具具有较高的精度,以便对决策结果进行正确的评估;作为人工智能和机器学习中的环境场景评估工具时,通常要求评价工具在保证偏差在容许范围内的情况下尽量有较高的计算效率,以保证训练速度。因此,为了解决不同评估目的下预演的效率问题,可采用不同粒度的预演子模型,实现不同程度的预演效率与预演精度的平衡。

在建立预演模型时,根据对内部结构模拟细致程度对各个子模型进行分层,分别分为粗粒度、中粒度、细粒度子模型,其中粗粒度子模型仅保留子系统的基本结构,在考虑主要约束的情况下对微观结构进行模拟,同时通过偏置修正保证子模型的无偏属性;中粒度模型在子系统基本结构的基础上,增加部分对效率影响较小的子系统结构,在考虑子系统大部分约束的情况下对微观结构进行模拟,同时通过偏置修正保证子模型的无偏属性;而细粒度子模型在保留子系统所有微观结构的基础上,考虑对子系统所有约束进行模拟,从而保证从微观角度尽量完整地表征呈现系统的功能和能力。

第10章
智慧港口与数字化监测诊断

在商业进化的历史上，驱动增长的根本源动力是技术创新，最基础也是最重要的创新即所谓的"通用技术"或者"元技术"，元技术才能够开启一个全新的时代。在这些技术出现之后，大量的"补充性创新"在此基础上才能够不断涌现，进一步丰富和迭代这个商业时代的内涵。

例如，第一次和第二次工业革命中出现的蒸汽机、电力和内燃机技术就是"通用技术"。这些技术的出现使得原来分散、不成体系的生产力在"规模效应"的吸引下迅速聚集在一起。在补充性创新（如汽车、卡车、链锯、剪草机、大型零售商、购物中心、交叉配货仓库和新供应链等）涌现出来后，行业的线条轮廓才变得清晰起来，就像原本的散点被连接起来后，成为一条条横平竖直的线条（行业）。

而方兴未艾的数字化技术是下一个"通用技术"。数字化的大潮冲破了各个行业之间的藩篱，将会以一种前所未有的方式连接不同的社会要素，从而打开更高阶的生态空间。数字化技术创造了数据的贯通性、场景的联通性，以及价值的互通性。这些因素构成了一股新的力量，让原本井井有条的行业区隔变得"躁动不安"，行业边界开始分崩离析。数字化监测诊断涵盖传感网络、物联网、人工智能、工业监测、边缘计算和云计算建设等核心内容。

10.1 数字化监测诊断概述

10.1.1 设备状态监测的概念

为确保港口装备的安全使用，应维持其适合的工况和运转条件，并开展各种状态检查，检查通常分为日常检查、经常性检查、定期检查、加强的定期检查、特殊检查和重点检查。特殊检查和重点检查通常由第三方有专业能力的机构和工程师进行，其余的检查则由港口自行组织进行。ISO 9927—1：2013/GB/T 23724.1—2016 对各项检查的人员要求、检查内容和分级、检查结果的记录有明确规定。这类检查通常被认定为主观型状态检查，但受限于港口规模、工程师的专业能力和装备管理理念等的不同，对港口装备检查的执行和效果在不同的港口码头里存在诸多差异。

对运行中的港口物流设备整体及其零部件的物理状态进行检查鉴定，从而判断其运转是否正常、有无异常及劣化征兆、或对异常情况进行追踪、预测其劣化趋势、确定其劣化及磨损程度等，这种活动称为状态监测（condition monitoring）。状态监测的目的在于掌握设备发生故障之前的异常表现与劣化趋势，以便事前采取有针对性的措施控制并防止恶性故障发生，进而减少设备的故障停机时间与停机损失，降低设备的维修费用并提高设备的利用率。设备的状态监测是故障诊断技术的具体实施，是掌握设备动态特性的检查技术。它包括了主要的各种非破坏性检查技术，如振动监测、噪声监测、腐蚀监测、应力监测、温度监测、泄漏监测、磨粒分析（铁谱技术）、光谱分析及其他各种物理量的监测技术等，这类监测通常被认定为客观性状态监测。

对在使用状态下的港口物流设备进行不停机的在线监测，能够确切掌握设备的实际特性并有助于判定需要修复或更换的元器件和零部件,充分挖掘和利用设备零部件及整体的潜力,避免过剩和重复维修,节约维修的成本,减少停机造成的生产性损失。特别是对智慧港口需要高效、持续、稳定运行的关键设备而言,意义更为突出。

10.1.2 数字化监测诊断的概念

数字化监测诊断是通过测定设备的某些较为单一的参数特征(如电流、电压、振动、应力、温度和压力等),并结合其历史状况对所测得的信号进行处理、分析、提取特征,分析数据并根据特征参数值与门限阈值之间的关系进行自动对标诊断,从而定量识别机械设备及其零部件的运行状态(正常、异常、故障),再进一步确定需要采取哪些必要的措施来保证机械设备维持在最优的运行效果,这一切必要的措施操作都会通过部署在设备运行现场的软硬件来完成,属于有传感网络的多单一物理域的并行应用。在本地数据处理领域中通常采用边缘计算或者雾计算,能够在毫秒范围内做出响应,也可称之为本地 AI 解决方案。

数字化监测诊断更高层面的应用是利用云计算进行在现场运作的所有系统的比较,通过大数据分析、深度学习和人工智能算法的优化,可以从个别系统到其他系统的变化中得出结论,并展开基于码头装备管理的应用场景,从而达到多物理域融合的群体 AI,即通过算法为故障提供可靠性预测或警示设备状态变化。智慧港口数字化监测诊断系统结构如图 10-1 所示。

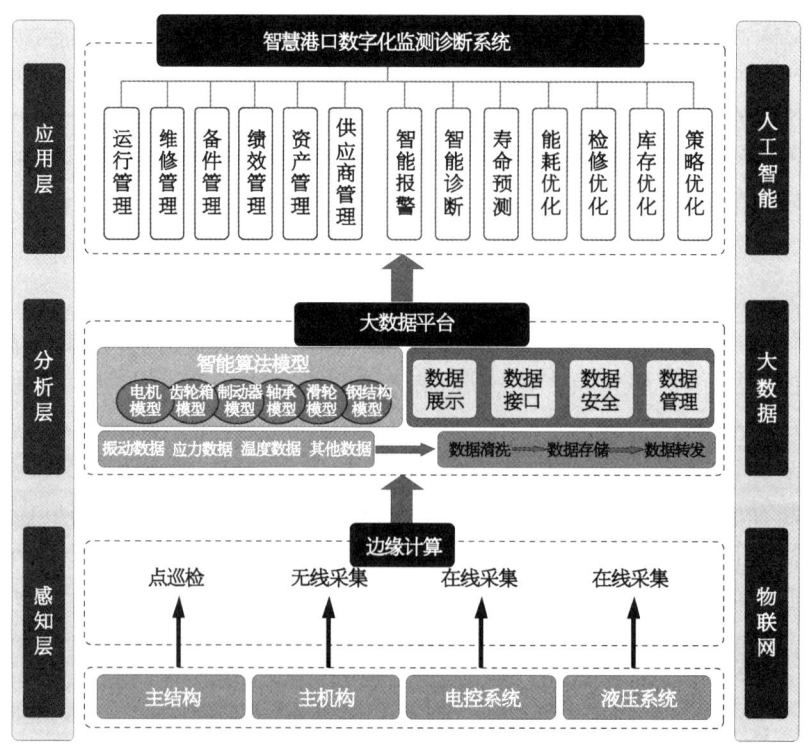

图 10-1　智慧港口数字化监测诊断系统结构

10.2 数字化监测诊断发展现状

目前,在港口领域针对数字化监测诊断的规范和标准呈现零散化、碎片化的状态,缺乏从全生命周期的全局数字信息化考虑的规范和标准。如 GB/T 19873.2—2009/ISO 13373—2：2005《机器状态监测与诊断 震动状态监测第 2 部分：震动数据处理、分析与描述》在具体的振动信号处理方面给出了具体的要求。GB T 28264—2017《起重机械安全监控管理系统》仅对起重机涉及安全的监控提出了规范要求,但在涉及通信协议的条款上只有概括性的简要表述,其他有关的规范和标准也都有类似的特点。

10.2.1 智慧港口数字化监测诊断的基础现状

港口装备主要由结构、机构、电气、液压和缠绕等系统构成,电气系统的电信号监测技术已经比较成熟,但监测数据主要被用于报警信息的查询和排障支持,对这些数据缺乏有效的分析和利用。机构监测主要运用振动、温度等形式进行常规监测,对于港机的可靠性运行及港口生产的连续性可以起到一定的帮助作用,而对港机至关重要的结构监测目前主要还是依靠应力的监测手段,但港口机械设计时综合考虑地震、暴风等极特殊工况,在日常的作业工况下应力监测的阈值设置和设计计算的数据难以有效协同分析也导致了监测的效果大打折扣。并且受限于可用传感器的型式、安装位置和成本限制,对于起重机的裂纹破坏、疲劳失稳、结构的长期缓慢变形等恶性破坏目前仍难有有效的解决方案,传统的监测方案难以胜任这类非定常、非线性、非经典工况的诊断,更不必说在高度复杂的情况下对故障进行准确预测。

港口物流装备具有危、特、重、大和长服役周期等的属性,从规划、设计、制造、购置、安装、运行、维修、改造和更新,直至报废的全生命周期内,需要以数字化思维从全局进行系统规划并在各个阶段分布协同实施数字化监测诊断。港口装备由于设计源头数字化程度不高,大多依靠传统二维 CAD 手工修改设计图纸,手动输入依靠有限元软件进行通过性计算,设计手段面临数字化升级换代的强烈需求。制造阶段的生产和检验过程也主要是依靠大量劳动力手动完成,各类设计、制造、检验的 BOM 报表仍停留在文件表格形式,宝贵的设计计算及制造数据无法为设备的后续服役提供支撑,很多制造工艺导致的设备状态隐患也被传递到设备的后续服务周期,港口码头进行的技术改造和优化又难以反馈到设计源头。

运行可靠性是衡量装备是否正常运行的重要指标,直接关系到港口物流装备全生命周期的经济性和安全性。运行可靠性分析与设备状态反馈主要通过运行数据实现装备运行过程中可靠性评估和预测,依据反馈的分析结果指导装备全生命周期的设计优化,以运营及维修工程分析,装备的设计模型转化为运维模型、预测模型,需要大量的性能和环境历史数据,才能对设备精度进行预测。分析现场数据以建立正常的性能基线,也需要大量时间。通过机器学习来确定数据模型中最有效的数据步骤,从而提高数据科学自动化水平。

随着各应用场景下算力与传输带宽的突飞猛进和成本降低,基于模型(MBD)的设计、计算和制造一体化、工艺和制造一体化、5G通信、数字孪生及机器学习等技术已快速走向实用。港口物流装备是典型的非线性、非模型化运行的案例，数字孪生、机器学习和IIOT等新技术将成为数字化诊断的曙光，随着各类新兴技术在港口领域的不断引入，智慧港口物流装备将有条件实现自感知、自适应、自学习、自评估与自决策的运维场景。

10.2.2 设备监测诊断的可视化

设备全生命周期管理平台的可视化，具体包括设备建模可视化、设备制造过程可视化、设备安装管理可视化、设备运行状态可视化、设备台账管理可视化和设备巡检管理可视化等内容，表现为对企业设备进行几何建模，可以直观、真实、精确地展示设备形状、设备分布、设备运行状况，同时将设备模型与实时、档案等基础数据绑定，实现设备在三维场景中的快速定位与基础信息查询。

① 设备建模可视化：指采用三维建模技术，对设备零件、设备部套、设备整机进行三维建模，建立零部件和设备的三维模型库，展示整机、部件、零件之间的层次关系，实现人与场景中三维对象的交互。

② 设备安装管理可视化：指对设备安装进行三维建模，并把三维场景与计划、实际进度时间结合，用不同颜色表现每一阶段的安装建设过程。

③ 设备运行状态可视化：指设备的三维模型与现场设备进行基于数字孪生的运行状态可视化，设备的历史故障、当前状态、运行趋势分析、计划的维护保养等有关设备运行管理的全过程。

④ 设备台账管理可视化：指通过建立设备台账及资产数据库，并和三维设备绑定，实现设备台账的可视化及模型和属性数据的互查、双向检索定位，从而实现三维可视化的资产管理，使用户能够快速找到相应的设备，以及查看设备对应的现场位置、所处环境、关联设备和设备参数等真实情况。

⑤ 巡检管理可视化：指巡检任务制定、分配、下发、接收、执行和考核等全部工作都可以远程控制、无线实时同步，从而实现巡检过程可视化、简捷化、规范化和智能化管理，使用户及时发现设施缺陷和各种安全隐患。

10.3 数字化监测诊断在智慧港口中的应用

从现场传感网络的端，到数据传输的管，以及大数据综合分析的云的各个层面都需要开展任重而道远的工程工作。装备的数字化监测诊断是新兴技术发展与设备的人工日常点检、保养、设备和故障诊断长期相结合的发展过程。

10.3.1 减速箱实时在线智能状态监测及故障分析系统

减速箱是码头起重机械设备的关键部件，在码头的实际运营中，会有一些与减速箱相关的机械故障发生。这些减速箱通常安装在距地面几十米高的机房内，一旦出现故障不能及时发现，会造成减速箱持续损坏，严重影响码头的经济效益。对关键部位减速箱进行在线监测和故障诊断可以实时掌握设备运行状态,对设备状态做出实时评价,对故障做出诊断并提前预报,将故障后停机转变为计划停机,减少停机时间或避免事故扩大化,将设备的计划性维修、事故性维修逐步过渡到预防性维修,可以提高企业设备管理的现代化水平,创造巨大经济效益。

减速箱实时在线智能状态监测系统是一个基于振动、温度等指向性参数进行实时智能监控的系统。该系统主要包括前端感知层,数据采集、分析与诊断模块,用户数据库服务器或云服务器,Web 服务器和浏览器 4 个部分。总体框架如图 10-2 所示。

图 10-2　总体框架图

前端感知层包括各类传感器,如振动、轴承温度、齿轮箱油温及颗粒度等,通常安装在减速箱(图 10-3)。数据采集、分析与诊断模块通常安装在电气房,用于实现各传感器数据采集、滤波、分析及自诊断。采集软件与数据库通常安装在中控室,用于实现数据存储、精密分析与大数据管理等。各功能模块之间以物联网作为数据交换媒介。数据采集与分析模块通过读取来自数据库服务器的采集参数,对感知层设备进行设置与信号采集,并通过 4G/5G/WiFi/以太网络等中控室服务器进行实时数据传输;中控室服务器作为客户端,实现参数配置、信号分析、状态监测与故障诊断及大数据管理等。当需要远程浏览数据时,浏览器向 Web 服务器发出请求,访问数据库服务器或云服务器,查看历史数据。数据分析与诊断模块如图 10-4 所示。

图 10-3　前端采集设备

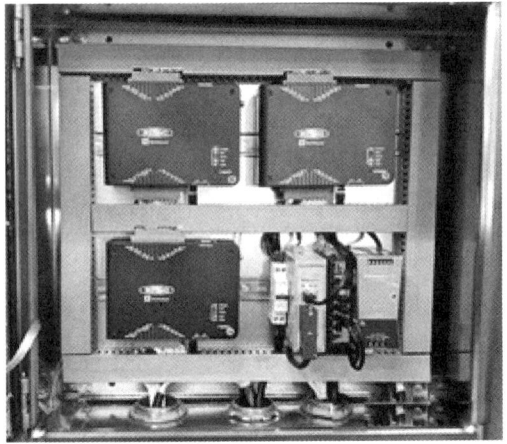

图 10-4　数据分析与诊断模块

在线监测系统通常监测的数据有以下几类:

① 振动信号。振动信号含有丰富的故障信息,能够较快、较直观地反映减速机的运行状态。

② 轴承温度。轴承温度是减速机重要的监测数据。减速机在运行时,轴承摩擦会产生一定热量,当产生的热量达到热平衡时,轴承的温度会在正常的范围内。当轴承出现异常后,热平衡会被破坏,轴承温度会迅速升高,若轴承温度超过预设温度时,应当立即停车查明原因。

③ 齿轮油温度。减速机在正常工作时最高油温不应高于 90℃,当油温过高时监测系统应进行显示和报警。

④ 油液金属磨损颗粒。通过实时监测齿轮油内含金属元素的微小磨粒,经过大数据分析齿轮、轴承磨损及齿轮油寿命等。

减速箱实时在线智能状态监测及故障分析系统具有以下的技术优势:

1. 完善的数据库资源

数据库是在线监测与故障分析系统的关键部分。设备信息、零部件信息、传感器信息、测点信息、分析结果、报警数据及故障样本等数据都以规定的形式存储在数据库中,系统开发者作为港口起重机领先者,拥有港口设备完整的设计数据及故障统计数据的积累。系统开发者强大的专家团队负责通过对减速箱运行数据的实时采集,可精准掌握减速箱运行状态,并利用强大的数据云服务平台的计算能力,将减速箱的运行数据与产品设计数据相结合进行比对分析和评估,从而可准确地评估减速箱的运行状态。

2. 智能振动在线监测系统

智能振动在线监测站能实时采集减速箱振动数据,并在本地进行数据压缩、滤波、差分处理及指征值计算,然后将计算结果传输至 PLC 和中控室服务器,快速响应设备故障。智能振动在线监测系统具有如下特点：① 全采样技术；② 全同步采集技术；③ 状态采集与触发存储技术；④ 智能采集器具有良好的膨胀特性,能接入振动、速度、液位和温度等信号；⑤ 自动与智能诊断功能。

3. 边缘算法与智能诊断

与其他系统相比,系统开发的智能采集器具备边缘计算能力,集采集、自适应滤波、FFT 计算、宽带和窄带能量计算、自动诊断与报警功能于一体。系统开发者已将设备故障特征信号(如轴承)及专业工程师分析经验(齿轮箱诊断)编写成算法内置到采集器中,采集器自动输出诊断结果,从而弱化现场服务工程师对振动信号分析系统专业化程度的依赖。

10.3.2　TRUCONNECT 起重机远程监控

某公司最早研发的智能远程监控系统,是用于核电站内的行车设备,可满足极端条件下的智能监控系统。随后这一系统被应用于工业起重机设备,并且催化了它在该公司移动港口起重机、跨运车等领域的广泛应用。截至目前,全球在用的该种设备已将近 20 000 台。

1995 年,还是 SMV 公司工程师的 Rogers,为重型叉车设计出 CAN bus 系统。第二年 SMV 公司联合液压驱动公司 Parker,将 IQAN 控制系统这一重要部分注入整个 CAN bus 系统当中,机器集合了智能检测功能、安全操作保护功能,能灵活应对操作中的各种疑难杂症,同时液压和传动系统的效率大大提高,整机被带入真正的智能化时代。此外,IQAN 能将平均燃油消耗降低 30% 以上,以及整个机器各部件耐用性的大幅度提升,这种环保友好型机械,显著提高了资源利用率,也为减轻地球资源和环境压力做出贡献。

SMV 公司加入某公司集团之后,将 TRUCONNECT 与 IQAN 系统成功衔接为高效协同合作的智能网络。集多方技术之大成,某公司最终形成了集装箱搬运行业最可靠的远程监控和云端服务系统。多元灵活的 TRUCONNECT 某公司可根据不同用户吊装需求,灵活设置不同感应器及数据项。在监控、分析和预警基础功能上,增加了基于地理定位服务,并嵌入国际 SOLARS 证书系统的称重等功能,多元开放的系统属性让 TRUCONNECT 未来拥有无限潜能。

TRUCONNECT 远程监控系统使用传感器收集使用数据,包括运行时间、电机启动、工作周期和制动状态。如发生起重机超载、紧急停机和温度过高等情况时,警告会通过短信或者电子邮件的方式发出。该系统还提供制动器和逆变器监测、预估选定组件的剩余设计工作周期(DWP),例如起重机和起重机制动器。通过安装在设备上的状态监测装置,TRUCONNECT 可以进行数据收集,这些数据被传送到远程数据中心进行整合,以供客户使用远程支持系统可以实现与全球起重机专家网络的全天候连通,帮助客户解决问题和排除故障,减少计划外停机时间。TRUCONNECT 远程监控系统界面如图 10-5 所示。

该系统支持跨平台的任何联网设备,信息以易懂的图形和图表的形式逐一呈现。系统可显示 TRUCONNECT 操作数据和警报,并提供模式和趋势的分析,如重复性过

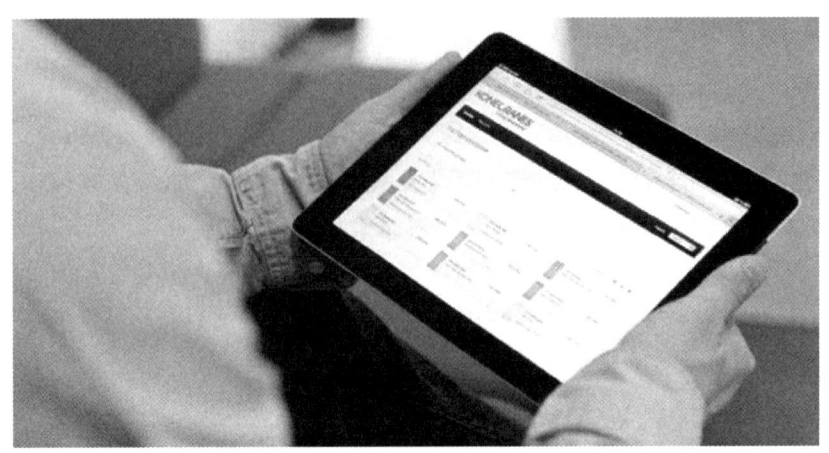

图 10-5　TRUCONNECT 远程监控系统界面

热警报意味着设备或流程可能需要调整,研究趋势可以帮助分清矫正措施和投资行为的轻重缓急。分析一段时间内的数据行为,可以提高预测性维护的可行性。支持系统的网站首页将显示故障历史,并依据一个快速检查整组设备痛点的选择标准对设备使用状况进行排序。系统还提供数据归档和检索选项,包括文件上传和提供适用于打印的电子报告。

目前该公司正在探索与诺基亚的数字自动化云技术开展合作,利用先进网络和全球数字自动化云技术使其能够利用未来的网络技术,并且现在已具备开发 5G 的能力。

10.3.3　基于弱磁检测原理的钢丝绳在线自动检测系统在岸桥上的应用

港口起重机钢丝绳是摩擦损耗的易耗品,作为关键零部件,其断裂事故是港口行业长期未能解决的重要隐患点。由于作业工况复杂和长期重载、高速、高负载使用,钢丝绳极容易产生断丝、磨损、断股、锈蚀和疲劳等多种损伤,若没有高效、可靠的安全监控手段,没能及时发现钢丝绳的缺陷并采取管理措施,极易发生钢丝绳发生断裂的恶性事故。目前,传统钢丝绳难以有效检测存在的问题主要有 4 种:

① 钢丝绳状态各异,难以有效检测。根据美国国家安全生产管理局对全球 8 000 多家钢丝绳用户进行调查的数据显示:有超过 10% 的在用钢丝绳的强度损耗已超过 15%,处于危险状态;有超过 2% 的在用钢丝绳的强度损耗超过 30%,处于极度危险状态。因钢丝绳始终处于磨损状态,存在着各类"因"强度损耗而发生断绳事故的危险。在港口物流装备领域,每年都会发生因钢丝绳断裂而造成的人员伤亡和财产损失。

② 人工点检钢丝绳效率低下。根据有关港口企业"钢丝绳点检及更新制度"规定:钢丝绳在投产使用的前 18 个月,每个月巡检 1 次;第 19 至第 22 个月,每半个月巡检 1 次;第 23 至第 24 个月,每周巡检 1 次。每次巡检为 5 人制,每次耗时 4 h,每次检查时桥吊需要停机,在最主要的起升钢丝绳 2 a 的生命周期内,停机人工巡检的耗时约为 136 h。另外桥吊司机需要每天目视检查钢丝绳 10 min 左右,人工点检主要依靠目视和简易的工具进行,不仅浪费大量的生产时间,而且检测效果差强人意。

③ 钢丝绳检测结果不可靠。在人工巡检时,受眼睛视线局限,只能观测到肉眼可见的部分,钢丝绳背面则无法看到。此外,由于环境、光线等因素的影响,在很多情况下,目测时也基本是走马观花,检测效果难以保证。有的位置,检测人员只能位于有走道栏杆的地方,距离很远,或者观察角度受限,目测局限性极大,即使完全按照 0.3~0.5 m/s 的速度检测,人工巡检的形式也只能检查出部分钢丝绳外部较明显的诸如断股的缺陷,而对钢丝绳的内部磨损、锈蚀和断丝,尤其是疲劳等损伤则较难察觉。根据以往研究发现,当钢丝绳外层钢丝出现断丝时,其内部未能发现的断丝一般是外部能见到的 2.5 倍。

④ 钢丝绳用绳成本浪费高。由于人工巡检的局限性和不确定性,为确保钢丝绳的安全使用、不造成大的事故,港口单位只能采取定期、定箱量更换钢丝绳的形式。无论钢丝绳的实际状态如何,只要达到规定时间或者规定箱量,均对钢丝绳进行更换。部分港口企业对桥吊钢丝绳更换规定为:进口钢丝绳在每季度定期保养润滑的情况下,起升钢丝绳 2 a 更换,小车牵引钢丝绳 2.5 a 更换,俯仰钢丝绳 8 a 更换。根据国外研究,约 70% 被强制更换的钢丝绳很少甚至没有强度损耗,这就造成了很大的浪费,也耽搁了一部分的非必要停机时间。

钢丝绳在线自动检测系统是集成磁记忆规划方法、弱磁传感器技术、模式识别技术和现代网络通信技术等,可以在线高效准确地检测钢丝绳的断丝、磨损、锈蚀、疲劳和变形等各类损伤,将各类隐患发现在萌芽状态,避免安全事故发生,而且钢丝绳在线自动检测系统能够对钢丝绳损伤状态进行在线的每日评价、损伤发展趋势定期评估、突发性重大隐患实时预警等,解决长期困扰桥吊钢丝绳无损探伤的技术难题。钢丝绳在线监测的弱磁检测原理如图 10-6 所示。

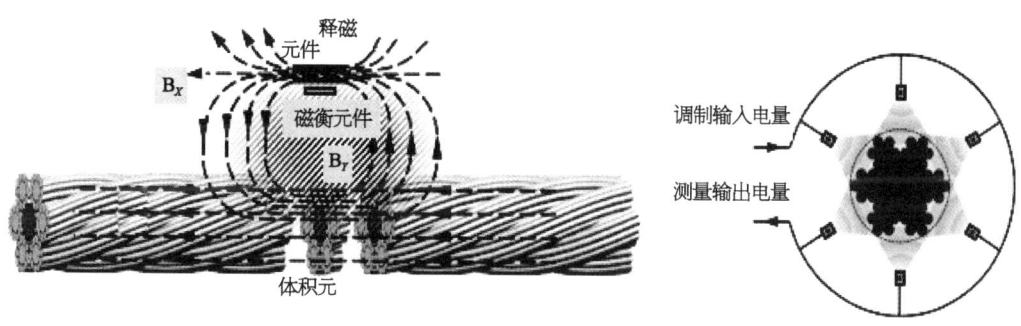

图 10-6 弱磁检测原理示意图

钢丝绳在线检测系统严格执行国际标准规定的钢丝绳应力校核原则,结合以往大量人工无损探伤的实践数据,建立符合事实的核心算法,可对钢丝绳的发展状态进行预测性研究。专业定义钢丝绳损伤级别共分为 5 级,可全时段在线检测出钢丝绳应力截面损失率 ≤2.5% 至应力截面损失率 ≥9.5% 的损伤状态,检出率为 83%~100%,起升钢丝绳的检测范围涵盖 95% 的工作段,并且可以对钢丝绳缺陷位置进行高速准确的定位,检测结果通过互联网实时发送到中控室,对检出超标结果可以进行实时报警,可实现在钢丝绳全生命周期内高速运行的智能同步检测。起升钢丝绳、小车钢丝绳和俯仰钢丝绳的现场检测如图 10-7~图 10-9 所示。

图 10-7　起升钢丝绳在线自动检测　　　　图 10-8　小车钢丝绳在线自动检测

图 10-9　俯仰钢丝绳在线自动检测

钢丝绳在线自动检测系统可实现桥吊钢丝绳在线自动检测,形成完整且具备可溯源的检测报告。采用钢丝绳在线自动检测技术与传统人工检测方法的对比结果见表 10-1。

表 10-1　钢丝绳在线自动检测技术与人工检测方法对比

对比项目	钢丝绳在线自动检测技术	人 工 检 测 方 法
检测方式	在线自动检测,不受钢丝绳运行速度影响,在正常生产作业环境下完成检测	人工检测钢丝绳用目测、手摸、卡尺量,钢丝绳的运行速度在 0.3~0.5 m/s
检测时间	全年无休,机器智慧检测替代人工检测	每次检测需要工人 5 人,耗时 4 h,2 a 需 136 h
检测能耗	生产作业的同时完成检测,专门用于检测的开机能耗可忽略不计	每次人工检测所涉及的电机需要耗电 3 832 kW·h,2 a 耗电 13 万 kW·h
检测效果	高效准确地检测钢丝绳内外部断丝、磨损、锈蚀、疲劳和变形等各类损伤,彻底消除断绳事故隐患	人工检测只能部分检测出钢丝绳的外部损伤,而对钢丝绳的内部断丝、磨损、锈蚀,尤其是疲劳等状况则无法检测
检测效率	起升钢丝绳 2 a 生命周期增加作业时间 136 h,按单台岸桥每小时吊运 30 TEU 计,可增加吊运箱量 4 080 TEU	检测时岸桥停止吊装工作,起升钢丝绳 2 a 生命周期内,人工停机检查的时间约 136 h
换绳依据	正确评估钢丝绳使用状况,提供钢丝绳更换的科学依据	定期或定量换绳

(续表)

对比项目	钢丝绳在线自动检测技术	人工检测方法
人力成本	机器智慧检测替代人工检测,节约大量人力成本	每次桥吊钢丝绳检查需要 5 人,耗时 4 h,耗费大量人力成本
换绳成本	钢丝绳的安全状况始终可控,为科学延长钢丝绳的使用寿命提供检测依据	定期更换造成钢丝绳使用成本浪费
安全保障	钢丝绳全生命周期安全可控,从根本上保障钢丝绳的使用安全	钢丝绳内部断丝、磨损、锈蚀和疲劳的状况很难发现,因此常常埋伏着重大隐患
科学管理	自动保存全部检测结果,检测数据随时可追溯,科学提升设备的管理水平	零散记录,可追溯性差,对钢丝绳的生命周期无法进行科学管理

桥吊钢丝绳在线自动监测系统的应用,能够极大地提高桥吊钢丝绳的安全性和检测的智能化水平,实现机器在线智慧检测替代人工定时检测,在有效杜绝钢丝绳安全隐患的同时,降低了工人的劳动强度,提高了钢丝绳的服役周期,减少了不必要的停机时间,可为港口企业的提质增效工作起到很大的帮助作用。根据桥吊钢丝绳运行时产生的运行参数,以及钢丝绳出厂设计参数,结合钢丝绳检测、保养信息及历史运行参数,分析并提供桥吊钢丝绳的安全状态等信息,供有关人员实时掌握桥吊钢丝绳生命周期的发展阶段,为桥吊钢丝绳持续可靠运行提供高质量的服务,为桥吊设备正常运行提供有力保障。

第11章

智慧港口发展趋势与目标

11.1 主要热点技术发展趋势

11.1.1 物联网发展趋势

经过十年的快速发展,尤其是随着无线网络、云计算、大数据技术及人工智能的发展,物联网深化了整个社会的信息化和网络化的进程,尤其是信息物理系统的应用将使许多以前无法解决的复杂问题获得新的解决方案,为科技的发展提供了无限的生机和空间,并将催生社会的巨大变革,改变传统的安全与效益的观念。

德国定义工业4.0是"以信息物理系统为基础的智能化生产",中国著名军事理论家张召忠也曾做出预测:互联网进入下半场,迭代出新的物联网,它是第四次工业革命的核心,他在2020年2月19日的演讲《第四次工业革命来了》中表示:这次疫情过后,有些行业会快速兴起、普及和升级,物联网和智能物流就属于这种。所有物件都要拥有自己的身份认证,然后通过5G与物联网连接。互联网时代是人机互联解决社交的问题,服务业有很大发展。物联网则解决物品之间物理互联的问题,5G助飞物联网将从根本上改变我们的认知,改善我们的生活,改变整个世界。

在未来,物联网的发展将与微电子技术、传感技术、自动控制技术和人工智能等一系列相关产业的持续发展相互作用、相互促进。

首先,看感知层的传感装置。传感器是感知各种信息数据的底层元器件,是物联网实现数据和信息采集的基础和关键。目前高端传感器市场主要由国外供应商全面把持,而国内公司则主要集中力量在传感器的细分领域,在未来传感器细分领域的产品由国内产品代替国外产品的空间较大。同时随着物联网行业的发展,设备对传感器的需求量逐渐增加,对传感器的尺寸、功耗也有了更高的要求,所以微机电系统(Micro-Electro-Mechanical System,MEMS)的使用会越来越多,会逐渐成为物联网时代传感器的主流产品。还有非接触式的图像识别技术、视频识别技术也会越来越多地应用于感知层。

其次,从网络层看,随着5G技术的发展,5G网络将会更多地应用于物联网中对物体的动态监控监管中。未来5G技术中10 Gbps传输峰值的高速传输速率将有效改善现有视频监控的慢响应、监测效果差等问题,可以更快地提供更高分辨率的监测数据。另一方面,5G的多连接特性可以进一步促进安全监控范围的进一步扩大,获取更多的维度监控数据,为安监、公安、消防、交通和环保等国家相应职能部门协同监管提供更全面、多维度的参考数据,实现了监管信息的共享,有利于进一步分析判断,制定更有效的安全防范措施。除了在视频监控领域外,5G技术在人工智能的加持下,不仅能够通过各类状态传感器数据实现智能感知、决策及预警,有效降低传统安全监管领域过分依赖人力、成本高的问题。同时,还能够通过智能手段获取安全监管领域中最实时、最生动、最真实的数据信息,并进行准确计算,也使所有的监管资源服务部署、监管人力配置和应急响应策略得到更加科学、准确、有效的控制。这为确保安全防范和灾害响应工作在正确的时间完成、安全从被动到主动、从粗放到精细的转变提供了强有力的保障。

最后,从物联网应用层来看,物联网 PaaS 云平台是产业链中的核心,各类应用可在其上实现开发、部署和运营,因此物联网的应用及智能都体现在云平台上。但是云计算对网络的依赖性很大,一旦网络断开,就无法获得云计算,因此,未来物联网的研究热点将集中在云计算和边缘计算的联合应用方面,计算将分为两个层次,即只需要局部数据就可以实现智能控制的部分放在边缘计算层,而需要多方数据融合实现智能控制的才放在云计算中心。

在物联网应用终端方面,目前物联网应用主要包括无线支付、电子消费、车联网、安防监控和无线网关等,在未来,远程控制、远程智能抄表、交通运输和公共安全等领域也将成为实现物联网应用增长的重要基础领域。

人工智能的研究仍然会是未来物联网技术研究的热点问题之一,2018 年 5 月 13 日,信息物理系统高峰论坛暨首届信息物理系统人工智能大会在北京会议中心盛大召开。会议以"聚焦人工智能"为主题,旨在深入贯彻党的十九大精神,落实 2018 年两会关于"加强新一代人工智能研发应用"的部署,促进信息物理系统人工智能行业产、学、研、用的交流与合作。

网络安全问题也会成为物联网技术中的关注重点。从 2019 年 12 月起,网络安全等级保护 2.0 开始实施,其中物联网扩展要求适用于所有从事物联网设备制造、运营及与设备紧密相关的行业企业,这些企业都必须符合网络安全等级保护 2.0 的要求。2020 年 3 月 24 日,阿里云宣布其 IoT 安全平台(Link Security)成功通过基于网络安全等级保护 2.0(第三级)的物联网安全评估,成为国内首个通过该评估的物联安全服务平台。

11.1.2 区块链发展趋势

随着对区块链技术的不断探索和演化,出现了一些新的技术改进。区块链作为颠覆性的创新技术,已渗透到金融、资产、版权、法律和医疗等领域中,成为新的业务增长动力。

1. 开源正成为公有链技术创新主要模式

开源一直以来在软件技术创新中都扮演着重要的角色,代码开源有助于公有链创新发展。开源开放的创新模式使得公有链有机会汇集全球各地的智力资源,使其共同参与系统的持续开发和优化,极大减少了重复创新的工作量,提高了创新效率。公有链的技术创新几乎都是采用开源模式。赛迪全球公有链技术评估项目显示,作为评估对象的 37 条全球知名公有链,全部采用开源模式。

2. 数据和场景成为区块链驱动创新的重要动力

区块链本质上是不同场景下,数据的生成、计算、共享和存储方式上的创新,区块链技术应用场景化非常依赖真实的场景和数据,区块链、人工智能等新兴技术及应用创新对于各类场景下的数据渴望和依赖达到了新的高度。

11.1.3 人工智能发展趋势

1. 从专用智能向通用智能发展

如何实现从专用人工智能向通用人工智能的跨越式发展,既是下一代人工智能发展的必然趋势,也是研究与应用领域的重大挑战。2016年10月,美国国家科学技术委员会发布《国家人工智能研究与发展战略计划》,提出在美国的人工智能中长期发展策略中要着重研究通用人工智能。

2. 从人工智能向人机混合智能发展

借鉴脑科学和认知科学的研究成果是人工智能的一个重要研究方向。人机混合智能旨在将人的作用或认知模型引入人工智能系统中,提升人工智能系统的性能,使人工智能成为人类智能的自然延伸和拓展,通过人机协同更加高效地解决复杂问题。在我国新一代人工智能规划和美国脑计划中,人机混合智能都是重要的研发方向。

3. 从"人工＋智能"向自主智能系统发展

当前人工智能领域的许多研究方法或多或少依赖于人工经验。比如人工设计深度神经网络模型、人工设定应用场景、人工采集和标注大量训练数据、用户需要人工适配智能系统等,非常费时、费力。但是也逐渐涌现了一系列关于自主智能方面的研究,例如AlphaGo Zero通过自我对弈,在没有围棋专家经验知识的情况下精通了围棋,甚至发现了一些围棋专家都不曾发现的策略。由此可见,自主智能将会是人工智能下一阶段的研究热点。

4. 人工智能与其他学科领域交叉渗透

人工智能本身是一门综合性的前沿学科和高度交叉的复合型学科,研究范畴广泛而又异常复杂,其发展需要与计算机科学、数学、认知科学、神经科学和社会科学等学科深度融合。随着超分辨率光学成像、光遗传学调控、透明脑和体细胞克隆等技术的突破,脑与认知科学的发展开启了新时代,能够大规模、更精细解析智力的神经环路基础和机制,人工智能将进入生物启发的智能阶段,依赖于生物学、脑科学、生命科学和心理学等学科的发现,将机理变为可计算的模型,同时人工智能也会促进脑科学、认知科学、生命科学甚至化学、物理、天文学等传统科学的发展。

5. 人工智能产业将蓬勃发展

随着人工智能技术的进一步成熟,以及政府和产业界投入的日益增长,人工智能应用的云端化将不断加速,全球人工智能产业规模在未来10年将进入高速增长期。2016年,埃森哲研究报告指出,人工智能技术的应用将为经济发展注入新动力,可在现有基础上将劳动生产率提高40%。2018年,麦肯锡公司研究报告预测,至2030年约70%的公司将采用至少一种形式的人工智能,人工智能新增经济规模将达到13万亿美元。

6. 人工智能将推动人类进入普惠型智能社会

"人工智能＋X"的创新模式将随着技术和产业的发展日趋成熟,对生产力和产业结构产生革命性影响,并推动人类进入普惠型智能社会。2017年,国际数据公司(International Data Corporation,IDC)在《信息流引领人工智能新时代》白皮书中指出,未来5年人工智能将提升各行业运转效率。我国经济社会转型升级对人工智能有重大需求,在消费场景和行业应用的需求牵引下,需要打破人工智能的感知瓶颈、交互瓶颈和决策瓶颈,促进人工智能技术与社会各行各业的融合提升,建设若干标杆性的应用场景创新,实现低成本、高效益、广范围的普惠型智能社会。

7. 人工智能领域的国际竞争将日益激烈

当前,人工智能领域的国际竞赛已经拉开帷幕,并且将日趋白热化。2018年4月,欧盟委员会计划2018—2020年在人工智能领域投资240亿美元;法国总统在2018年5月宣布《法国人工智能战略》,目的是迎接人工智能发展的新时代,使法国成为人工智能强国;2018年6月,日本发布《未来投资战略2018》,重点推动物联网建设和人工智能的应用。世界军事强国也已逐步形成以加速发展智能化武器装备为核心的竞争态势,例如美国政府发布的首份《国防战略》报告即谋求通过人工智能等技术创新保持军事优势,确保美国打赢未来战争;俄罗斯2017年提出军工拥抱"智能化",让导弹和无人机这样的"传统"兵器威力倍增。

8. 人工智能的社会学将提上议程

为了确保人工智能的健康可持续发展,使其发展成果造福于民,需要从社会学的角度系统全面地研究人工智能对人类社会的影响,制定完善人工智能法律法规,规避可能的风险。2017年9月,联合国犯罪和司法研究所(UNICRI)决定在海牙成立第一个联合国人工智能和机器人中心,以规范人工智能的发展。

11.2 智慧港口发展趋势

智慧港口建设发展是贯彻落实《交通强国建设纲要》,加快建设世界一流绿色、智慧、枢纽型港口的重要举措,也是服务国民经济全局和共建"一带一路"的有力抓手,更是加快港口转型升级和企业提质增效的必由之路。智慧港口发展的前提和基础在于物联网、工业互联网、大数据、云计算、5G、区块链和人工智能等高新技术与港口功能的完美融合。实践中,智慧港口发展的主要途径是自动化码头的应用与推广和传统码头的智能化转型改造。以物联网为架构的全面智能感知,以大数据为基础的知识、经验、信息的汇聚,以人工智能为核心的智能决策和智能控制技术的广泛、系统和深入的应用,构建了智慧港口建设发展的主要生态体系,体现了智慧港口建设发展的主要趋势。

在这个趋势的发展过程中,自动化码头的建设运营、传统集装箱码头的智能化转型改造,都使得港口最基本的业态发生了改变。基于智能技术,设备装卸作业的过程与生产计划调度的营运功能有机地融合成一体,从图11-1可以看出集装箱码头这种功能的融合变化。

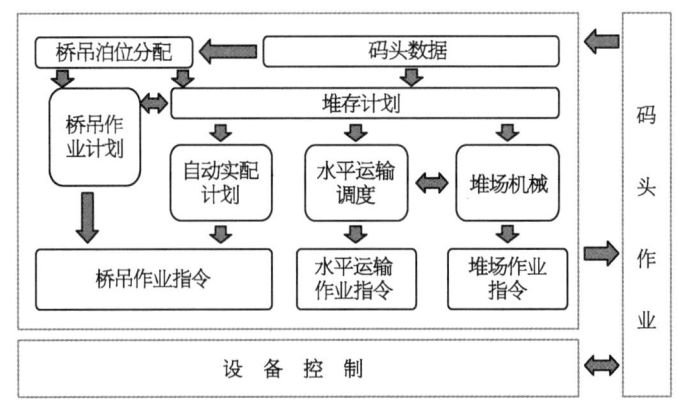

图11-1 码头作业一体化控制

港口基本功能发生的这种新变化和新需求突出地表现在以下几个方面：

① 机械设备从单机控制到系统协同控制,设备从自动化向智能化转型。
② 生产组织从计划—调度—执行的主从式集中控制向分布式协同控制模式转化。
③ 港口物流系统大数据分析与智能化运营管理有机结合。
④ 人、机、环境智能协同与高效、安全的高品质服务相匹配。
⑤ 设备安全与智能运维的全生命周期一体化管理相结合。

同时,为了解决这些新变化和新需求,产生了一系列的迫切需要解决的科学和技术问题,这些问题常常成为智慧港口发展趋势过程中的科学难点和技术瓶颈,主要包括以下几方面：

① 自动化设备系统物质流、能量流、信息流融合协同原理。
② 自主装卸系统全过程(时空)智能计划与调度理论。
③ 智能化设备运行控制中的"自洽"问题。
④ 大型港口设备智能化设计与实现技术。
⑤ 装卸设备智能协同控制系统设计与实现技术。
⑥ 基于大数据的生产预演、预测分析与实现技术。

这些科学和技术问题的研究解决将有力地推进智慧港口建设发展的进程,同时,这些科学和技术问题的有效破解也有赖于高新技术的应用与支撑。

11.3 智慧港口发展目标

在这些高新技术的创新应用过程中,港口基础设施智慧化、物流链数据融合化、运营管理智慧化、供应链贸易服务便利化和创新共享生态化已成为我国智慧港口的主要发展目标。

1. 港口基础设施智慧化

基于信息物流系统,实现港区环境、设施、设备和应用之间的互联互通,提速云设施升级,加强5G等网络基础设施建设,应用物联网等先进技术实现设施设备全面感知。

在5G网络基础设施方面,积极推进5G网络设施建设,重点支持港区和物流园区5G专网建设,在大型装卸设备、无人驾驶集卡的远程操控、监控高清视频回传等方面实现稳定应用,使智能化集装箱码头实现5G技术全场景应用。

设施设备全面感知方面,应用工业物联网、先进传感器等技术手段加速港口主要设施设备数字化升级,包括推进港口核心装卸设备与车辆GPS定位跟踪,实现冷藏箱温度远程监控系统,实现危险货物集装箱远程监管(气体泄漏、自动喷淋),实现能源使用状态实时数字化监控等。

强化云服务能力,提高智慧港口云计算中心运维管理水平,在稳定硬件运维的基础上进一步提升云计算中心软件运维服务能力。依托中台系统,充分发挥云计算集成架构的集约化管控优势,对标国际一流云计算服务体系和服务标准,全面提升计算管理、资源管理、预警管理、拓扑管理、容量管理和配置管理水平,具备提供全流程、全覆盖的各类服务器操作系统、数据库系统及软件工具等安装和维护服务能力,最终形成港口云数据中心软件服务体系。

2. 物流链数据融合化

把数据作为企业的核心资源,将港航数据融合分为数据资源获取与数据融合应用两个层面,依托大数据中心建设深度拓展港航数据资源获取能力,引入中台系统理念和技术架构切实推动物流链数据的融合及应用。

依托大数据中心建设,提升港航大数据服务能力,实现与海关、海事等政府监管部门交互数据,积累、建设港航大数据平台,为物流链企业提供统一开放的大数据增值服务,逐步形成港航大数据综合服务能力。加强港航物流全过程信息采集,实现基于营运大数据的在线分析与应用,推动基于大数据分析的集装箱码头智能运营评价与优化,打造数据驱动的港口智慧大脑。船岸物流一体化数据融合应用。打通上游船公司/船代预配中心与码头 TOS 之间的数据交互通道,实现船公司/船代预配中心数据与码头 TOS 出口箱收箱数据的实时互通,从而有效促进船舶配载质量提高,提高码头装卸生产效率。

基于云计算平台,建设大型港口中台系统,提升数字港口中台数据服务、中台运算服务、中台授权服务能力,打造组件化系统集成服务模式,推进港区 GIS、政府监管系统对接等业务中台建设,推进港口大数据有效融合、有效利用,建设数字化系统生态,实现港口业务高度协同、资源深度聚合。实现基于中台架构的标准化数据共享服务,开发相关数据 Web API 接口服务,建立数据授权与管理体系,为物流链企业提供大数据服务。推进港口地理信息基础服务等的业务中台建设,建设智慧港口统一的高精度地理信息系统,实现电子地图、三维模型等可视化交互式,并在土地、规划、设备和设施等领域开展应用和服务。

3. 运营管理智慧化

顺应港口精细化、敏捷化、柔性化和智能化发展新趋势,加快高新技术与港口各领域深度融合,全面提升港口生产运营的硬件装备自动化和软件系统智能化水平,有效提升集约化管控能力,达到世界一流港口运营管理水平。

提出并践行智慧港口中国模式和智能化码头中国方案,坚持"创新、绿色、智能、安全、高效"五大理念,研发基于新一代通信网络技术远程操控、远程监测和智能诊断系统;依托人工智能、大数据、云计算等现代信息技术,开发拥有自主知识产权的智能调度、智能操作、智慧交通、智能闸口、智能理货、智慧能源、智能监控和智能安防等核心系统;推动新型智能集装箱码头建设和运营关键技术集成创新;打造全球智能化程度最高、建设成本最低、运营效率最优的集装箱码头。

应用边缘计算技术,大幅提升硬件装备自动化运作比例。跟踪研发集装箱码头核心装卸设备自动化改造技术,提高集装箱码头自动化设备运作比例;加快后方堆场自动铅封机、客户自助终端等硬件装备智能化升级,实现减人增效。逐步推进 iAGV、无人驾驶集卡规模化应用水平,加快研发面向无人驾驶集卡规模化应用的车队管理、车辆调度、车路协同和智能交通等核心系统,突破任务计划管理、车辆精准定位、路况实时感知、路径自动优化和路侧协同管理等关键技术,达到世界领先水平。推进干散货码头装备自动化、智能化,包括干散货码头装船机、抓斗卸船机和堆取料机等核心设备自动化、智能化升级改造；探索研究干散货码头抓斗卸船机及装船机自动化控制技术，实现堆取料机等核心设备远程操控，保持干散货码头自动化运作水平处于世界领先地位。

提升软件系统智能化水平。启动并加速推进港口核心软件系统国产化研发，针对集装箱板块软件系统，以具备替代进口能力为目标，研发智慧港口智能TOS系统及其智能化管控核心模块，应用数字快照、数字孪生等前沿技术和先进架构，研发集装箱码头生产预演系统，实现集装箱码头装卸作业的预见性推演，提高生产物流的预控制水平，推进实现生产计划评估、物流瓶颈预检和作业时间预测等精益化管理目标，实现生产流程数字化全息回溯，并初步具备单船生产预测能力。推进干散货码头生产系统智能化升级，推进干散货码头营运生产系统智能化升级，研发干散货码头智能堆场子系统，实现堆场计划智能化，推进干散货码头泊位调度、运力调度等智能化模块研发，保持我国干散货码头智能化管理水平的先进性。智慧物流一体化系统升级，针对物流板块，建立全港统一的、架构先进的、功能完善的一体化堆场生产管控系统，建设专业化的车队智能管控系统，实现车辆智能监控、智能调度、智能结算和智能服务等智慧化管理模式。

4. 供应链贸易服务便利化

① 持续提升港口营商环境：大力推进单证无纸化/电子化，提高"单一窗口"和线上线下协同服务能力，构建发达的腹地运输网络，提升腹地物流及贸易便利化服务水平，进一步推进关港业务协同，为客户提供更具价值的优质服务。

② 全面推进港口单证无纸化：在现有集装箱电子单证系统推广应用的基础上，进一步研发建立电子单证综合应用平台（包括干散货电子单证），实现港口与船公司、船代、堆场、码头间的全过程业务单证无纸化。积极探索区块链技术在集装箱电子提货单流转过程中的应用，提高电子物权凭证合规性和安全性。以基于区块链技术的全流程电子提单为突破点，联合大型船公司、外代等行业代表性企业，加速推进海运提单无纸化应用进程。

③ 提升"线上+线下"综合服务水平：全面推动港口各类业务线上办理综合服务平台建设，统一各业务板块数据标准及服务标准，打造网上服务与线下服务相结合的一体化新型港口服务模式，切实提高客户服务便利化水平，为客户提供24 h全天候"线上+线下"服务。

④ 建设无水港一体化管控系统：依托无水港广泛布局，构建发达的全程供应链网络和腹地运输网络，提升无水港地区物流及贸易便利化服务水平。研究提炼无水港堆场业务管控、生产管理、物流服务、结算系统的共性需求，设计基于中台系统模式的无水港智能管理架构，打造全新的、云架构的、标准化的和高度可配置的无水港一体化管控与综合服务系统。实现多式联运物流系统。依托无水港腹地及多式联运项目，参与研发多式联运智能运载单元和自动化装卸转运装备，展开"一带一路"中集装箱供应链远程监测、跟踪与管理系统研究，以及"一带一路"国际物流贸易生态体系研究；打造多式联运物流综合服务平台，形成专业物流方案的线上询价、线上咨询、线上交易和线上结算等服务能力，形成"线上+线下"的综合物流服务网络，打造港口辐射范围内的多式联运物流综合服务平台。

⑤ 推进与政府监管部门业务协同：积极推进港口物流系统与海关、海事等政府监管部门的业务协同、数据融合、流程创新、模式创新。依托智慧物流系统通信网络架构及其构建技术，建设口岸货物集疏港智慧平台。积极推广"船边直提""抵港直装"作业模式，以港口装卸、车辆管理和车货匹配等业务流程再造为核心，构建港口物流可视化集疏运体系车路智能协同平台。整合社会车辆资源，优化车辆调度，实现集装箱集疏运业务线上预约、业务撮合、网上支付和轨迹跟踪等功能，打造创新性的关港业务协同新模式。梳理海事业务与港口业务协同需求，制定海事港口数据融合标准规范和业务协同规范，有效提高港口与海事部门业务协同水平，建设创新性的智慧海事服务平台。

5. 创新共享生态化

树立开放共享、合作共赢新理念，充分发挥上海、天津和深圳等枢纽港在港口行业内的引领作用，打造港口数据信息枢纽、创新服务平台和知识共享的智慧港口生态体系，有力助推智慧港口建设。

加强新技术创新应用：密切跟踪 5G、IPv6 和北斗导航等前沿信息技术，加强与国内外专业机构、科研院所、行业领先企业的交流合作，积极掌握最新应用动态，加快推进新兴技术在港口的综合应用。鼓励重点工程、示范工程积极采用亚米级北斗高精度定位技术，通过实践应用努力突破大型设备下信号屏蔽等行业代表性突出问题。

引领行业标准研究和制定：在自动化码头、新型技术要求、新型工艺要求、数据及接口规范等方面制定或参与制定一系列智慧港口相关的团体标准、行业标准、国家标准和国际标准，培养智慧港口标准制定领域的专业人才，积极把握标准制定主导权，发挥在智慧港口行业的引领作用。

探索智慧港口评价指标体系。依托智慧港口建设已有成果和具有行业代表性的重大项目，研究下一代智慧型集装箱码头、智慧型干散货码头等的核心量化指标，构建智慧港口建设发展评价指标体系，为研究发布智慧港口指数奠定基础。

在新一轮信息技术革命的背景下，港口"无人化""智能化"的生产与服务将成为主要呈现形式。总体上，到 2025 年我国主要集装箱枢纽港都将初步建成智慧型集装箱港口，到 2030 年我国主要枢纽港都将建成世界一流的智慧型港口，并且形成以智慧型港口为核心的智慧型集、疏、运物流链体系，引领世界智慧港口新的发展方向。

参 考 文 献

[1] 梅兰妮·斯万.区块链：新经济蓝图及导读[M]//区块链：新经济蓝图及导读.北京：新星出版社,2016.

[2] Russel S, Norvig P. Artificial intelligence: a modern approach [M]. University of California at Beakeley, 2013.

[3] Searle, John R. Minds, brains, and programs [J]. Behavioral and brain sciences, 1980, 3(3): 417-424.

[4] Brundage, Miles. Taking superintelligence seriously: Superintelligence: Paths, dangers, strategies by Nick Bostrom (Oxford University Press, 2014) [J]. Futures, 2015, 72: 32-35.

[5] Crevier D. AI: the tumultuous history of the search for artificial intelligence [J]. The British Journal for the History of Science. 1993, 30(1): 101-121.

[6] McCorduck P, Cfe C. Machines who think: A personal inquiry into the history and prospects of artificial intelligence [M]. Florida, CRC Press, 2004.

[7] Mnih V, Kavukcuoglu K, Silver D, et al. Human-level control through deep reinforcement learning [J]. Nature, 2015, 518(7540): 529.

[8] Silver D, Huang A, Maddison C J, et al. Mastering the game of Go with deep neural networks and tree search [J]. Nature, 2016, 529(7587): 484-489.

[9] Silver D, Schrittwieser J, Simonyan K, et al. Mastering the game of Go without human knowledge [J]. Nature, 2017, 550(7676): 354-359.

[10] Vinyals O, Babuschkin I, Chung J, et al. Alphastar: mastering the real-time strategy game starcraft ii [J]. DeepMind blog, 2019: 2.

[11] 张晓华.控制系统数字仿真与CAD[M].北京：机械工业出版社,2005.

[12] Banks J, Carson J, Nelson B, et al. Discrete-Event System Simulation, Third Edition [J]. And Neural Net2447 Revetria Cassettari & Magro Works Proceedings of Faim99 Tilburg Bruzzone A.g. mosca R.orsoni A.revetria R, 2000, 34(10): 465-500.

[13] Ucar, Iñaki, Smeets B, et al. Simmer: discrete-event simulation for R [J]. Journal of Statistical Software. 2017, 90(2).

[14] 齐欢,王小平.系统建模与仿真[M].北京：清华大学出版社,2004.